MARIE VON
MALLWITZ

CLAUDIA IRSFELD
ANNA LEDDIN
ALEXANDRA MISTELE

KARRIERE INSIGHTS

Mit gemeinsamer Power zum Erfolg

WERTVOLLE TIPPS
AUS EINEM FRAUENNETZWERK

MARIE VON MALLWITZ

Informationen zum Verlag und zu seinem Programm unter:
www.marie-von-mallwitz-verlag.de

Disclaimer
Sollte diese Publikation Links auf Webseiten Dritter enthalten, so übernehmen wir für deren Inhalte keine Haftung, da wir uns diese nicht zu eigen machen, sondern lediglich auf deren Stand zum Zeitpunkt des Zugriffs verweisen.

Bibliografische Information der Deutschen Bibliothek
Die Deutsche Bibliothek verzeichnet diese Publikation in der Deutschen Nationalbibliografie: Detaillierte bibliografische Daten sind im Internet
über https://www.dnb.de/DE/Home/home_node.html abrufbar.

Originalausgabe, Dezember 2023
Marie von Mallwitz Verlag

Covergestaltung und Layout: www.reisserdesign.de
ISBN 978-3-946297-29-1
Printed in Europe

Inhalt

2. Tipps und Insights zur persönlichen Entwicklung

Vorwort

Dieses Buch fasst die Insights von 22 Frauen zur Gestaltung der eigenen Karriere zusammen. Aber warum sollen oder wollen wir überhaupt Karriere machen? Müssen wir Frauen uns auch dem marktwirtschaftlichen Diktat von schneller, weiter, besser unterwerfen? Ich denke, nein. Für mich geht es bei Karriere nicht nur um Geld und Macht. Ich sehe Karriere vielmehr als Mittel zum Zweck, der darin besteht, mir die maximale Freiheit zu gewährleisten. Und ich bin der festen Überzeugung, dass wir Frauen noch nicht alle uns zur Verfügung stehenden Möglichkeiten ausschöpfen.

Grundsätzlich haben wir die persönliche Freiheit, so zu leben, wie wir wollen: Voll- oder Teilzeitjob mit oder ohne Kinder, selbstständig oder angestellt, Elternzeit, Ehrenämter, Ehe oder nicht. All das sind Optionen, die uns offen stehen. Aber aufgrund der vielfältigen gesellschaftlichen, familiären oder persönlichen Erwartungen ist es immer noch nicht selbstverständlich, dass wir das Leben leben, das wir uns wünschen und das uns zusteht. Eine Grundvoraussetzung für die Gestaltung des eigenen Lebenswegs ist die finanzielle Freiheit. So ganz unwichtig ist das liebe Geld also doch nicht.

Genau deshalb sind berufliche Entscheidungen absolut zentral für die Erlangung all dieser Freiheiten. Sie beeinflussen unser Lebensgefühl, den Lebens- und Karriereweg und den Geldbeutel. Daher sollten sich alle Frauen mit ihren beruflichen Entscheidungen und ihrer Art zu managen und zu führen auseinandersetzen. Darüber hinaus sehen sich Frauen im Berufsleben oft besonderen Herausforderungen ausgesetzt. Die Assoziation „Think

Manager – think Male“ ist auch heute noch aktiv. Management und Führung sind männlich konnotiert. Damit ist auch implizit festgelegt, was „gutes und schlechtes Management“ ist und wie Führung funktioniert oder eben nicht. Aber dieses „Wissen“ ist stark von der Perspektive der Männer geprägt. Sie hatten in der Vergangenheit maßgeblich Einfluss darauf, was relevante Fragen des Managements sind und wie sie beantwortet werden sollten. Frauen waren an der Entwicklung der etablierten Methoden, Strategien und Managementtheorien nur begrenzt beteiligt. Damit stellen die bisherigen Antworten letztlich nur die halbe Wahrheit dar.

Die andere Hälfte der Wahrheit muss von Frauen entdeckt, erprobt und diskutiert werden. Natürlich sind weibliche Vorbilder für uns Frauen immer noch sehr wichtig, um uns überhaupt vorstellen zu können, wie Frauen führen und managen und was alles möglich ist. Aber herausragende Role Models bergen auch die Gefahr, als „Superwomen“ wahrgenommen zu werden und damit gerade den gegenteiligen Effekt auf die Selbstwirksamkeit von Frauen zu haben. Noch wichtiger erscheint mir deshalb der Austausch unter Frauen über ihre persönlichen Erfahrungen im beruflichen Alltag, zum Beispiel innerhalb von Netzwerken, in Workshops oder Mentoring-Programmen. In diesem Buch liegt der Fokus daher nicht auf den individuellen Karrieren von Frauen, sondern auf den persönlichen Insights von Frauen eines Netzwerks, die sich regelmäßig zu diesen Themen austauschen und hiermit andere Frauen daran teilhaben lassen. Was für ein wertvoller Schatz, der in den folgenden Seiten steckt und von euch erobert werden kann. Möge er euch helfen, eure Karriere zu gestalten und eure persönliche Freiheit zu erweitern.

PROF. DR. ELKE WOLF

Professorin für Volkswirtschaftslehre
an der Hochschule München (HM),
Gleichstellungsbeauftragte und
Sprecherin der LaKoF/HAW in Bayern

LinkedIn

Herzlichen Dank

Ein Buch zu schreiben ist nicht einfach – ein Buch in und mit einem Netzwerk zu schreiben, in einer Gruppe mit über 20 beteiligten Frauen, macht einiges einfacher und einiges zu einer größeren Herausforderung. Diese Herausforderung haben wir nicht allein gemeistert, sondern mit einem wunderbaren Team an Unterstützer:innen innerhalb und außerhalb der 4C GROUP AG (4C). Daher ist es uns eine Herzensangelegenheit, ganz, ganz herzlich Danke zu sagen:

Zunächst möchten wir uns bei Stephan Grunwald und Hans-Martin Schneider, Gründer der 4C, bedanken. Wir, Claudia Irsfeld, Anna Leddin und Alexandra Mistele, haben unser Projekt „Buch von Women@4C" noch in den Kinderschuhen steckend bei den beiden vorgestellt, um ihr Einverständnis und ihre Unterstützung für die tatsächliche Realisierung einzuholen. Großartig hierbei war: Bereits nach wenigen Minuten dieses Pitch-Termins ging es schon nicht mehr um das „Ob", sondern nur noch um das „Wie".

Lieber Stephan, lieber Hans-Martin: Danke für euer Vertrauen, uns machen zu lassen! Auch später, als wir vertragliche Themen regelten, war eure Unterstützung zuverlässig, auf den Punkt, und es war keine Frage, Ressourcen zu erhalten, um alles sauber aufzusetzen.

Selbstverständlich gilt unser herzlichster Dank allen Frauen, die mitgewirkt haben: Sophie Jasmin Anspach, Patrizia Bamberg-Kunz, Claudia Bauer, Leonie Böhm, Bianca Eichentopf, Jennifer Färber, Vanessa Forst, Chiara Geipert, Fatima Giuliano-Arnaout, Béatrice Gloor, Annika in der Beek, Susanne Kramer, Annika Krömer, Kia Lindroos, Julia-Claire Möbius, Franziska Pilz, Corinna Schmitt, Chiara Weis und Paula Winter.

Ohne euch, euer schnelles Commitment und die verlässliche und kreative Zusammenarbeit wäre dieses Buch nicht entstanden. Danke, dass ihr euch aus eurer Komfortzone getraut habt, damit wir gemeinsam eine tolle Sache auf die Beine stellen. Für uns alle war es ein kleines Abenteuer und wirkte an einigen Stellen auch sehr unwirklich, bis wir dann die ersten Entwürfe in den Händen hielten. Danke für den gemeinsamen Weg!

Zudem haben einige Menschen mit ihrer Erfahrung und ihren Ansichten unser Buch bereichert – wir sagen herzlichen Dank an Prof. Dr. Elke Wolf für ihr fundiertes Vorwort und an unsere Zitatgeberinnen Zarah Bruhn, Silke Breier, Simone Conrad, Dorothee Deyhle, Britta Gayko, Dr. Martina Gieg, Dr. Tanja Haupt, Simone Hruschka, Michelle Jaggassar-Kolip, Eva Kienle, Dr. Rebecca Koch, Anne Lolas, Simone Menne, Fanny Mürke, Susan Pistorius, Christine Regitz, Marion Rövekamp, Lea Sandker sowie Prof. Dr. Anja Seng und Martina Staudinger.

Danke an Marie-Theres Reisser vom Marie von Mallwitz Verlag, die uns ebenfalls von Anfang an vertraut hat und sehr offen war für unsere Ideen, Vorschläge und Vorstellungen. Unser Dank gilt darüber hinaus Heidi Keller für das ausdauernde und inhaltlich sehr bereichernde Lektorat sowie Katrin Hrubesch, die uns PR-seitig sehr wertvolle Hinweise gegeben hat und uns unterstützt, das Buch in die Welt zu bringen.

Danken möchten wir auch Dr. Martin Hartmann, der uns bei der Titelsuche sehr viele Inspirationen gegeben, den richtigen Blick für den Klappentext hatte und einige Beiträge kritisch vorlektoriert hat.

Anna Schenke, Rechtsanwältin, und Mirjam Spies, Mitarbeiterin bei der Beratungsstelle Frauennotruf München, haben durch ihre Expertise den Beitrag „Sexuelle Übergriffe“ maßgeblich bereichert.

Zum Schluss geht ein besonderer Dank an unsere Herzensmenschen, insbesondere Marcus, Thomas und Marco!

Über dieses Buch

Wir, die Frauen des Frauennetzwerks der Managementberatung 4C GROUP AG, die Women@4C, möchten mit diesem Buch andere Frauen bei der Karriereentwicklung unterstützen. Wir wollen Leser:innen Lust machen, ihre berufliche Laufbahn mit Mut, eigenbestimmt und kreativ zu gestalten.

Dazu teilen wir Erfahrungen und Themen, die uns persönlich beim Aufbau unserer Karrieren geholfen und mit denen wir uns persönlich näher befasst haben. Dabei kann es sich um Wissen und Erfahrung handeln, um Learnings sowie Tipps rund um das Thema Karriere, aber auch um konkrete Tools und Methoden, die wir für uns und wir in unserem Netzwerk erprobt haben.

Unsere Überzeugung ist, dass die Kraft von beruflichen Netzwerken für das Erreichen persönlicher Karriereziele immens ist. Netzwerke sind ein steter Quell für neue Ideen und Inspirationen. Sie sind ein starker Halt und eine Anlaufstelle für einen intensiven Austausch auf dem eigenen Karriereweg.

Das Buch ist ein Beispiel dafür, dass sich gegenseitige Unterstützung, Mut, das Verlassen der eigenen Komfortzone und gemeinsames Anpacken lohnen. Unsere Autorinnen erhalten mit ihren Artikeln eine Stimme und werden sichtbar. Das Buch ist Beweis dafür, dass Frauen selbstverständlich sehr gut miteinander und füreinander arbeiten.

„There is a special place in hell for women who don‘t help each other.“

Madeleine Albright

Unsere Leitgedanken sind:
- Nutze, was du hast, und habe damit Spaß – mit dir, mit deiner Karriere und im Austausch mit anderen Frauen.
- Gewähre dir selbst Freiheit und Raum zum Wachsen und Ausprobieren – auch für das Nicht-Perfekte, das Unfertige, das Widersprüchliche.
- Erlaube dir, mutig zu sein, Risiken einzugehen und nicht zu wissen, ob es am Ende ein Erfolg wird.

Getreu dem Motto: „Nutze die Erfahrungen der Frauen, die vor dir schon einmal dieses Thema hatten, damit du in deinem eigenen Tempo und mit dem dir angemessenem Energieaufwand deine Karriereziele erreichen kannst."

Das Buch unterscheidet sich von bekannten Karrierebüchern vor allem in zwei Punkten:
- Wir schreiben als Netzwerk für Netzwerker:innen, auf Basis von praxiserprobten Erfahrungen der Community. In diesem Sinne handelt es sich bei den nachfolgend geteilten Erfahrungen und Empfehlungen um persönliche Ansichten der Autorinnen.
- Wir tun dies auf eine Art und Weise, die unsere Leserschaft mit Freude und auf Augenhöhe anspricht – von Frau zu Frau.

Wir verfolgen kein wirtschaftliches Interesse, daher haben die Autorinnen erklärt, ihre Honorare an die 4C FOOTSTEPS STIFTUNG (Stiftung für frühkindliche Bildung in sozial benachteiligten Bereichen, siehe Seite 263) zu spenden. Die 4C spendet ebenfalls die Höhe der Einnahmen aus dem Buch an die Stiftung. 4C verfolgt mit diesem Buch ebenfalls kein wirtschaftliches Interesse, vielmehr freut sie sich, dass die 4C Frauen diese Initiative ergriffen haben und sie so engagiert vorantreiben.

Viel Spaß beim Lesen!

Eure Claudia, Anna, Alexandra und alle Autorinnen

„Ich habe gelernt,
dass Erfolg keine Frage
des Geschlechts ist.
Es geht darum, sich selbst
zu vertrauen, mutig
zu sein und sich nicht
von Stereotypen ein-
schränken zu lassen."

DR. ANGELA MERKEL

Bundeskanzlerin a. D.

Einführung

CLAUDIA IRSFELD,
ANNA LEDDIN UND
ALEXANDRA MISTELE

Wir sind viele

DAS NETZWERK WOMEN@4C STELLT SICH VOR

Women@4C wurde 2018 ins Leben gerufen. Der Auslöser waren eine Diskussion und eine Erkenntnis während eines internen Trainings, das Hans-Martin Schneider, Vorstand und Gründer, mit Claudia Irsfeld, Head of HR, geleitet haben.

Während der Diskussion wurde allen Beteiligten klar: Es gibt einen Unterschied, ob ein Team von Beraterinnen oder ein Team von Beratern den Kunden-Projektraum betritt. Kolleginnen berichteten von ihren Erfahrungen: Sie hörten zum Beispiel Fragen wie „Wann kommen denn die Berater?" oder wurden in E-Mails konsequent mit „Herr XY" anstatt mit „Frau XY" angesprochen. Umgekehrt ist uns kein Fall bekannt, in dem einem Mann absichtlich das „Herr" verweigert und/oder er gefragt wurde, wann die „Beraterinnen" endlich einträfen.

Auch wenn sich zwischenzeitlich viel getan hat und Beraterinnen mittlerweile zum Berufsalltag gehören und ihre Akzeptanz gestiegen ist, gibt es auch im Jahr 2023 noch festgefahrene Stereotype, gegen die wir arbeiten bzw. uns behaupten müssen.

In der 4C agieren wir hands-on und setzen gute Ideen direkt um: Noch im Training haben wir alle im Raum beschlossen, ein Frauennetzwerk zu gründen – die Geburtsstunde von Women@4C.

UNSER START

Unser erstes Treffen war ein purer Gänsehautmoment! Es war großartig, mit all den Frauen in einem Raum zu sein, es prickelte fast in der Luft angesichts der Erkenntnis: „Mensch, wir sind ja viele!"

Wir haben uns in den ersten Treffen überlegt, welche Ziele wir haben, welche Themen wir fokussieren und welche Prioritäten wir ihnen geben wollen. Klar war von Anfang an, dass wir als Netzwerk im Unternehmen einen Fußabdruck hinterlassen und die gesamte Kollegschaft – all genders – erreichen wollen.

UNSERE ZIELE SEITHER

Wir wollen

1. **Austausch ermöglichen** und fördern, innerhalb des Netzwerks, aber auch in das gesamte Unternehmen hinein, zum Beispiel zu Themen wie Umgang mit Stress und wie Achtsamkeit unterstützen kann.
2. **Wissen vermitteln**, zum Beispiel zu Förderung von Frauenkarrieren, zu schwierigen Situationen für Beraterinnen im Beratungsalltag, zu Aufbau und Nutzung von Netzwerken.
3. **Transparenz** über „Blinde Flecken" **schaffen** und sie unter die Lupe nehmen.
4. **Eigene Ideen entwickeln**, testen und das Unternehmen weiterentwickeln, zum Beispiel durch Fragen an erfahrene Kolleg:innen, etwa Führungskräfte, wie beispielsweise der Weg in die Partnerschaft einer Managementberatung verlaufen ist.

UNSER SELBSTVERSTÄNDNIS ALS NETZWERK

Wir sehen uns seit der Gründung als gestaltendes Moment und setzen Impulse. Auch wenn wir erst einmal ein wenig Zeit für uns hinter geschlossenen Türen gebraucht haben, so haben wir von Anfang an unsere Erkenntnisse im Unternehmen geteilt.

Evolutionsstufen von Netzwerken: Women@4C hat von Anfang an alle Perspektiven integriert

Soziales Netzwerk

- Zusammenschluss Gleichgesinnter
- Fokus: sich sehen, Austausch, Unterstützung

Employee Ressource Group

- Netzwerk löst Probleme und ist Ressource im Unternehmen
- Themen in die Organisation tragen und Erwartungen an die Organisation stellen
- Erste öffentliche Auftritte/Öffnung nach außen

Think-Tank

- Integration der Business-Perspektive
- Vertretung von 4C nach außen, z. B. Karrieremessen
- Produktentwicklung aus der Netzwerk-Perspektive

Mit dieser Haltung und mit den Themen, die wir bearbeitet haben, hat unser Netzwerk spürbar positive Auswirkungen auf das gesamte Unternehmen:

- Etablierung von sichtbaren Vorbildern
- Erhöhung der Mitarbeitendenbindung durch Stärkung des Zugehörigkeitsgefühls
- Stärkung der Arbeitgebermarke, zum Beispiel durch das sichtbare Wirken unseres Netzwerks
- Erhöhung der Attraktivität als Unternehmen an der Seite unserer Kund:innen
- Erhöhung der Innovationskraft innerhalb des Unternehmens

WAS MACHEN WIR BEI UNSEREN TREFFEN?

Bei unseren Treffen, die abwechselnd in Präsenz und online stattfinden und zwischen einem halben Tag und einer Stunde dauern, behandeln wir jedes Mal einen vielfältigen Themen-Mix. Hier eine Beispiel-Agenda von einem unserer Treffen:

Beispiel-Agenda: Was machen wir denn jetzt so?

Eure Themen 13:00 – 14:00	Was bewegt euch? Was ist euch in den letzten Monaten passiert? (Alle) Welche Themen wünscht ihr euch im neuen Jahr? (Alle)
Karriere & Kind 14:00 – 15:20	Vorstellung Diskussionsergebnisse „Karriere & Kind" vom 28.02. Weiterer Austausch (Alle) Blitzlicht – geplant: Austausch zu „Karriere & Kind" mit externem Besuch
Sichtbarkeit 15:20 – 15:50	Strategien zur Förderung der eigenen Sichtbarkeit am Beispiel von Artikeln und Büchern von Kolleg:innen
4C Invites 15:50 – 16:00	Kurzvorstellung Konzept Frauennetzwerktreffen „4C Invites"

In unserem nun fast fünfjährigen Bestehen haben wir eine Menge an Themen bearbeitet, wie zum Beispiel:

- Erfolgreiches Netzwerken mit Spaß
- Der eigene USP und Auftritt als Expertin
- Einfluss gewinnen
- Umgang mit schwierigen Situationen mit Kund:innen
- Umgang mit Übergriffen
- Achtsamkeit im beruflichen Alltag
- Karriere und Kind

Women@4C wird maßgeblich von Alexandra Mistele, Anna Leddin und Claudia Irsfeld gestaltet. Sie sind die treibenden Kräfte und setzen den Rahmen für unsere Treffen. Wichtig ist uns jedoch, dass sich alle beteiligen, ihre Fragen sowie ihre Expertise einbringen. Wir wollen voneinander lernen und unser Wissen miteinander teilen und verproben. Daher ist es essenziell, theoretische Impulse und praktische Übungen miteinander zu kombinieren und dabei dem offenen Austausch einen Platz zu geben. Vielleicht findest du in unserem Ansatz nicht nur Inspirationen für dich, sondern auch für das Frauennetzwerk, das es in deinem Unternehmen schon gibt oder noch gegründet werden will.

Wir freuen uns auf jeden Fall über einen Austausch!

„Vergiss nicht, dein privates Leben, Hobbys, Familie und deine Bedürfnisse genauso wichtig zu nehmen wie deine berufliche Entwicklung. Nur ein voller Akku schafft Erfolg in allen Bereichen.“

ALEXANDRA MISTELE

Managerin HR-Management, 4C GROUP AG

1. Kapitel

Entwicklung der eigenen Karriere

CLAUDIA IRSFELD

Head of People & Development

> Karriere ist bunter als *höher, schneller weiter.*

LinkedIn

Was ist eigentlich Karriere?

BRAUCHE ICH DAS? UND WAS BEDEUTET ES FÜR MICH ALS FRAU?

Seit Anfang meiner beruflichen Laufbahn steht das Thema Karriere im Mittelpunkt meiner Tätigkeit. Zunächst habe ich in Personalberatungen Menschen dabei unterstützt, den nächsten Karriereschritt zu gehen und den richtigen nächsten Job zu finden. Später in meiner HR-Rolle ging es umfassender darum, für Menschen einen guten Ort zu schaffen, an dem sie ihre Potenziale ausschöpfen können.

Bei der 4C steht die persönliche Weiterentwicklung von Mitarbeitenden im Fokus und gehört substanziell zu unserer DNA. Im Unterschied zu vielen anderen Unternehmen geht es dabei nicht darum, mit der Führungskraft quantitative Ziele zu vereinbaren, sondern darum, Kompetenzen auf- und auszubauen. Das schätze ich auch selbst als Mitarbeiterin. Im Laufe der Jahre habe ich unter anderem eine Coaching- und eine Trainer:in-Ausbildung absolviert und viele Aspekte daraus in meine Arbeit einfließen lassen.

Über meine Laufbahn hinweg haben sich drei Herzensthemen entwickelt: Frauen, Karriere und Gehalt. Diese bringe ich sowohl bei der 4C als auch in meiner Selbstständigkeit ein, mehr dazu unter be-on-track.de. Es überhaupt zu ermöglichen, angestellt und selbstständig zu sein, ist nicht in vielen Unternehmen selbstverständlich.

Ich freue mich nun, mein – unser – Karriereverständnis mit dir zu teilen und die speziellen Herausforderungen von Frauen in ihrer beruflichen Laufbahn zu beleuchten.

„Die Karriere oder berufliche Laufbahn ist die persönliche Laufbahn eines Menschen in seinem Berufsleben. In der betrieblichen Personalarbeit versteht man unter Karriere ‚jede betriebliche Stellenfolge einer Person im betrieblichen Stellengefüge'" – soweit Wikipedia.

Im allgemeinen Verständnis wird mit Karriere allerdings eher der berufliche Aufstieg in Verbindung gebracht: mehr und anspruchsvollere Aufgaben, mehr Verantwortung, mehr Entscheidungsfreiheit, mehr Geld und Einfluss etc. Es wird oft von der Karriereleiter gesprochen, die zu erklimmen ist. Wenn wir also gemeinhin über Karriere sprechen, dann denken wir meistens an „es geht nach oben" oder „höher, schneller, weiter".

Damit werden allerdings der Karriere, die im eigentlichen Wortsinn „Fahrstraße" bedeutet (lateinisch carrus „Wagen"), ein paar Dimensionen abgeschnitten. Der Begriff im exakten Sinne bezeichnet jede berufliche Laufbahn, egal, ob sie als Auf-, Abstieg oder als ein Schritt zur Seite oder in welche Richtung auch immer wahrgenommen wird.

Diese umfängliche Bedeutung, die „die alten Römer" schon in das Wort verpackt haben, erfährt gerade heute wieder eine Renaissance. Das berufliche Leben ist eine Strecke mit vielen Kreuzungen, Entscheidungen, Schleifen, Einbahnstraßen, Sackgassen, Autobahnen oder kleinen Pfaden. Auch wenn wir den Karriereweg gerne exakt planen und gestalten wollen, er ist nicht vorhersehbar und führt schon gar nicht immer nur in eine Richtung und „nach oben".

> „Sie haben eine Lücke im Lebenslauf."
>
> „Ja. War geil."
>
> twitter.com/regieklappe

Ist das schlimm? Wir finden nicht. Denn Karrierewege sind so bunt wie das Leben. Am Anfang der Karriere ist vielleicht „Gas geben" oder „So viel wie möglich ausprobieren" oder „Alles möglichst schnell und effizient erreichen" wichtig. Später geht es vielleicht eher darum, Aufgaben zu finden, die sowohl ausfüllen als auch dem Familienleben Luft lassen. Die es ermöglichen, mit Familie in Leadership-Verantwortung zu gehen, im Anstellungsverhältnis oder in der Selbstständigkeit – oder wie bei mir in Kombination. Vielleicht braucht es irgendwann auch eine Pause, um mal durchzuatmen, oder eine Zeit der Selbstständigkeit und der Gründung, um dann vielleicht auf Projektbasis als Expertin in ein Unternehmen zurückzukehren?

Karriere ist mehr und farbenfroher als eine Leiter. Sie ist vielmehr ein Mosaik, das durch die individuelle Entwicklung der eigenen Laufbahn entsteht. Ein Schritt fügt sich zum anderen und entwickelt sich beim Begehen des Weges. Es kann zur Seite führen, nach vorne, nach oben oder auch einmal zurück. Idealerweise lässt das Mosaik Gestaltungsfreiraum, um auch die Veränderungen des Privatlebens zu integrieren. Manchmal ergibt sich aus den Steinchen des Mosaiks direkt ein Bild – aber oft wird es erst am Ende oder wenn schon ein paar Steinchen gelegt sind sichtbar. Vielleicht sieht die Karriere am Anfang ein wenig durcheinander aus und entwickelt sich erst nach ein paar Jahren zu einem klaren Bild.

Bei mir hat es etwas gedauert, bis sich das Bild meiner Steinchen hat blicken lassen. Vor mir hatte in meiner Familie keine Person studiert, und daher war es für mich nach dem Abitur zunächst auch keine Option. Stattdessen schloss ich eine Fremdsprachensekretariats- und eine Hotelfachausbildung erfolgreich ab. Das war mir allerdings zu wenig. Nachdem ich eine Frau kennengelernt hatte, die Oecotrophologie studierte – Haushalts- und Ernährungswissenschaften –, tat ich es ihr gleich. Im Studium konnte ich Themen vertiefen, die mich in der Hotellerie-Berufsschule interessiert hatten, aber dort nur angerissen wurden.

Schnell merkte ich aber, dass „Citrat-Zyklus und Co." doch nicht so meins waren. Ich legte die Schwerpunkte auf Wirtschaft sowie Kommunikation und schrieb meine Diplomarbeit mit Personalfokus. Das lag mir nun deutlich mehr. Ich stieg in den Beruf ein und absolvierte parallel noch ein Zusatzstudium im Bereich Human Ressources.

Es gibt also nicht „die richtige Karriere". Was wichtig ist: Mache dir deine Kompetenzen deutlich, lege immer mal wieder eine Reflexionspause ein und gestalte deine beruflichen Optionen bewusst (siehe auch Kapitel „Wie soll meine persönliche Karriere aussehen?").

WAS IST DER UNTERSCHIED, WENN MÄNNER IHRE KARRIERE GESTALTEN UND WENN FRAUEN IHRE KARRIERE GESTALTEN?

In den unterschiedlichen Stationen meiner Karriere und vor allem in Coachings und Trainings habe ich die Beobachtung gemacht, dass Frauen sich manchmal anders verhalten als Männer, aber auch oft anders behandelt werden. Daher habe ich mich mit diesen Unterschieden befasst und möchte dir ein paar Einblicke geben. Diese basieren auf eigenen Beobachtungen und finden sich u. a. auch wissenschaftlich beschrieben in der genannten weiterführenden Literatur.

„Es ist gut zu wissen, dass man alles machen kann.
Man muss nur damit anfangen."

Julie Deane

Die Zuschreibungen, die in den Köpfen vorherrschen, sind zwei grundsätzlich unterschiedliche. Männern wird Kompetenz zugesprochen, Frauen Fürsorge. Das heißt, Männer sind auf dem Karriereweg per se schon einen Schritt weiter. Denn Kompetenz wird, egal, um welche Form der Karriere es geht, auf jeden Fall erwartet. Es braucht das Zutrauen, dass der Job bei „dieser Person in den richtigen Händen – in kompetenten Händen“ ist und da „nichts schiefläuft“.

Was sind es nun für Zuschreibungen bzw. Gender-Stereotype, die wir alle so gemeinhin im Kopf haben? Was sind unsere Vorstellungen von „typisch männlich“ oder „typisch weiblich“?

Gender-Stereotype

Handlungsorientiertes Verhalten

- Kompetent und ehrgeizig
- Führungsstark und selbstbewusst
- Analytisch und durchsetzungsstark
- ...

Gemeinschaftlich-orientiertes Verhalten

- Freundlich und fürsorglich
- Bescheiden und hilfsbereit
- Sanft und empathisch
- ...

Im Gegensatz zu Männern müssen Frauen oft ihre Kompetenz zunächst beweisen, belegen und nachweisen, bevor ihnen diese zugestanden wird. Da heißt es vielleicht in Hinblick auf sie in Beförderungsrunden: „Sie ist noch nicht so weit, sie muss da erst noch mehr Erfahrungen sammeln.“ Und in Hinblick auf ihn: „Der schafft das schon, hat ja auch schon andere Dinge geschafft.“

Während er also mit ein paar Vorschusslorbeeren und Kompetenz-Zuschreibungen schon mal im nächsten Job angekommen ist und qua „Potenzial“ befördert wird, muss sie noch eine Extra-Erfahrungsrunde drehen, um allen zu beweisen, dass sie es wirklich kann (Beförderung durch gezeigte Leistung). Das kostet sie auf jeden Fall deutlich mehr Zeit und wahrscheinlich auch mehr Nerven als ihn.

REPUTATION = KOMPETENZ + SYMPATHIE

Um Karriere zu machen, brauche ich nicht nur Kompetenz, sondern auch die Sympathie von anderen, denn daraus setzt sich die eigene Reputation zusammen. Aber warum brauche ich Sympathie? Kann es mir nicht einfach egal sein, wie mich andere finden? Ja, grundsätzlich schon. Wenn ich aber erfolgreich im Job sein möchte, dann brauche ich auch die mir entgegengebrachte Sympathie. Unter anderem, damit Menschen mit mir zusammenarbeiten möchten, ich in ein Team integriert werde oder ein Team hinter mir aufbauen kann oder auch Informationen erhalte, Zuspruch, Unterstützung etc.

In vielen Unternehmen ist Karriere, wie gesagt, immer noch mit „nach oben kommen“ verbunden. Daher sind die Erwartungen und Kriterien zur Beförderung in der Regel auch mit den gewünschten Führungskompetenzen verbunden sowie der Frage: „Kann die Person das Unternehmen, das Team, die Abteilung, das Produkt *führen*?“

Wenn Frauen nun ihre Kompetenz – also ihre Führungsstärke – zeigen oder einfach für ihre Sache einstehen und fordernd auftreten, dann tritt oft ein Problem auf. Sie verlieren Sympathiepunkte, wenn sie sich so verhalten. Anders als Männer, die auch hier in ihrer Rollenzuschreibung agieren. Wenn Frauen sich jedoch durchsetzen und/oder Führung übernehmen, zeigen sie Eigenschaften, die Männern zugeschrieben werden. Die Krux an diesem Phänomen ist, dass man sie nun weniger mag: „Puh, die ist aber bossy“ – „Die soll mal halblang machen, das nervt wirklich langsam“. So oder so ähnlich kann es klingen. Frauen verlieren also Sympathie, wenn sie sich ehrgeizig zeigen, „nach oben kommen wollen“ oder ihre Führungsrolle ausfüllen.

Damit fallen sie einen weiteren Schritt zurück auf ihrem Karriereweg. Neben dem Kompetenz-Nachweis müssen Frauen auch einen Drahtseilakt durchführen zwischen dem Zeigen ihrer Kompetenz und dem ständigen Abwägen, wie viel sie davon zeigen, um auch ja die Sympathien zu behalten. Das kostet Energie, die woanders nicht eingesetzt werden kann. Wahrscheinlich braucht es auch ein paar Jahre, um diese Mechanismen zu verstehen und damit umzugehen. Und leider geht es noch einen Schritt weiter zurück. Denn wenn Frauen in regelmäßigen Abständen eine negative Reaktion auf ihr Verhalten erhalten, zum Beispiel, wenn sie sich führungsstark zeigen, dann macht das etwas mit ihnen und ihrem Selbstbewusstsein. Sie trauen sich vielleicht nicht mehr so vieles zu, stellen sich vielleicht öfter in Frage oder suchen die Fehler nur bei sich und gar nicht bei anderen oder den Umständen.

Warum sich Frauen weniger in Führungs- und Entscheidungspositionen und vermehrt in Support-Funktionen wie Assistenzen, aber auch im Personal- und Marketingbereich finden, wird somit etwas klarer.

Die Startlinie für die Karriere von Männern und Frauen liegt immer noch weit auseinander

Geschlecht	Stellt sich nicht in Frage	Kompetenzzuschreibung	Sympathie bei Führungsverhalten	Positives Feedback auf Ehrgeiz	Sozialer Support
♂	✓	✓	✓	✓	✓ START
♀	START				

[✓] bedeutet „Trifft eher zu“

Unter dem Strich haben Frauen eine deutlich andere Ausgangsposition als Männer auf ihrem Karriereweg. Das zieht sich nicht nur durch die berufliche Laufbahn, sondern auch durch das private Leben. Spätestens, wenn Kinder dazukommen, werden Frauen nicht selten schon vor der Geburt gefragt, ob sie denn überhaupt wieder ins Unternehmen zurückkommen oder wie viel Prozent Teilzeit sie nach ihrer Rückkehr arbeiten wollen. Zukünftige Väter werden so etwas in der Regel nicht gefragt. Bei ihnen flattern vielleicht eher noch einmal die Beförderung und Gehaltserhöhung ins Haus. Denn er als Versorger der Familie braucht jetzt ja mehr Geld ... Kinder sind in vielen Unternehmen immer noch karriere- und gehaltsförderlich für ihn und karriere- und gehaltsschädlich für sie. Hier tut sich gerade eine Menge, aber bis die althergebrachten Vorstellungen aus den Köpfen verschwunden sind, wird es noch etwas Zeit brauchen.

„Ich habe gelernt, dass der Weg des Fortschritts weder kurz noch unbeschwerlich ist."

Marie Curie

Auf jeden Fall kannst du dir schon einmal einen geistigen Merkzettel machen, dass du mit diesen Situationen anders umgehen willst, wenn du in einer Entscheidungsposition bist (siehe auch Kapitel „Frauen, macht!").

Nun lassen sich die allgemeinen Denkmuster und Strukturen in Unternehmen nicht allein von Frauen ändern. Aber im ersten Schritt hilft es auf jeden Fall zu verstehen, dass es diese Unterschiede gibt und dass sie im System und nicht in der eigenen Person zu finden sind – das entlastet. Gleichfalls ist Gegenwind also der Standard und nicht die Ausnahme, und Frauen sollten sich weniger entmutigen lassen, sondern vielmehr Unterstützung suchen – zum Beispiel bei Gleichgesinnten im Unternehmen und/oder in Netzwerken. Diese eignen sich hervorragend, um den Weg gemeinsam zu gehen, sich zu unterstützen, auszutauschen und Erfahrungen zu sammeln.

Gleichfalls entlässt diese Situation nicht aus der eigenen Verantwortung. Das, was du beeinflussen kannst, beeinflusse!

Literatur

Caroline Criado-Perez (2020): Unsichtbare Frauen: Wie eine von Daten beherrschte Welt die Hälfte der Bevölkerung ignoriert. München: btb Verlag.

Irena D. Ebert und Melanie C. Steffens (2016): Frauen – Männer – Karrieren. Eine sozialpsychologische Perspektive auf Frauen in männlich geprägten Arbeitskontexten. Heidelberg: Springer.

CLAUDIA IRSFELD

Head of People & Development

> Wenn du weißt, was du willst und kannst, dann hast du schon gewonnen.

LinkedIn

Wie soll meine persönliche Karriere aussehen?

KLARHEIT MIT KARRIERE-STERN UND USP

Was ich oft in meinen Karriere-Coachings erlebt habe: Manche Frauen lesen das Wort „Ziele“ und gehen direkt in eine Verweigerungshaltung – so auch ich am Anfang meiner Karriere. Wenn dem auch so bei dir ist, dann lasse „Ziele“ einfach beiseite und tausche es zunächst durch „Wünsche“ oder „Träume“, das hat mir sehr geholfen.

Wie sieht deine Wunschkarriere oder dein Traumjob aus? Was sind deine Wünsche für deine berufliche Laufbahn? Was ist dir wichtig und woran möchtest du dich grundsätzlich ausrichten?

BAUE DIR DEINEN KARRIERE-STERN ZUR ORIENTIERUNG

Bei einigen wird es bei diesen Fragen direkt sprudeln – dann schreib alles auf, dokumentiere in Listen, Mindmaps, wild durcheinander, wie es gerade für dich passt.

Vielleicht brauchst du aber auch einen kreativen Einstieg? Dann suche dir einen Haufen Zeitschriften und schnipple alles aus, was du an positiven Bildern, die für deine zukünftige Laufbahn stehen, finden kannst. Baue dir dein eigenes Bild, dein Mosaik oder deine Steinchen deiner Karriere zusammen, die dir für die nächsten Jahre wichtig sind. Denke dabei groß, weit und überschwänglich, vielleicht hast du auch Vorbilder, von denen du gelesen, gehört und gesehen hast. Suche dir die Aspekte, die dich inspirieren.

Wenn du dein Bild gefunden hast, dann trete einen Schritt zurück und schaue dir das Gesamtbild an:

- Was ist die große Überschrift?
- Wofür stehen einzelne Bilder, Bereiche, Sequenzen?

Du kannst entscheiden, ob du deine Erkenntnisse auf dem Blatt mit deinem Bild festhältst oder sie auf einem separaten Bogen notierst.

Nimm dir die Überschriften und stelle sie in einem Stern zusammen. Dabei gilt: Pro Überschrift einen Sternenstrahl. Die Länge der Strahlen kann für dich dabei bedeuten, wie wichtig dir das Thema gerade ist. Hier im Beispiel ist gerade „Weiterbildung“ wichtiger als „Arbeitszeit“. Überlege, ob noch etwas fehlt. Hast du alle wichtigen Aspekte, die deine Karrierewünsche beinhalten, beisammen? Dann überlege dir:

- Was bedeutet die Spitze eines jeden Sternenstrahls konkret für dich?
- Wo stehst du gerade in Bezug auf deine Aspekte und markiere dies mit einem Punkt auf dem jeweiligen Sternenstrahl.
- Was beinhaltet dieser Punkt für dich, was ist schon erreicht?

- Was wäre ein erster kleiner Schritt, den du initiieren kannst, um von deinem Punkt zur Spitze deines jeweiligen Sternenstrahls zu kommen?
- Welche Schritte sind eher mittel- oder eher langfristig angelegt?
- Wen oder was brauchst du dazu, um sie zu gehen?

Karriere-Stern (Beispiel)

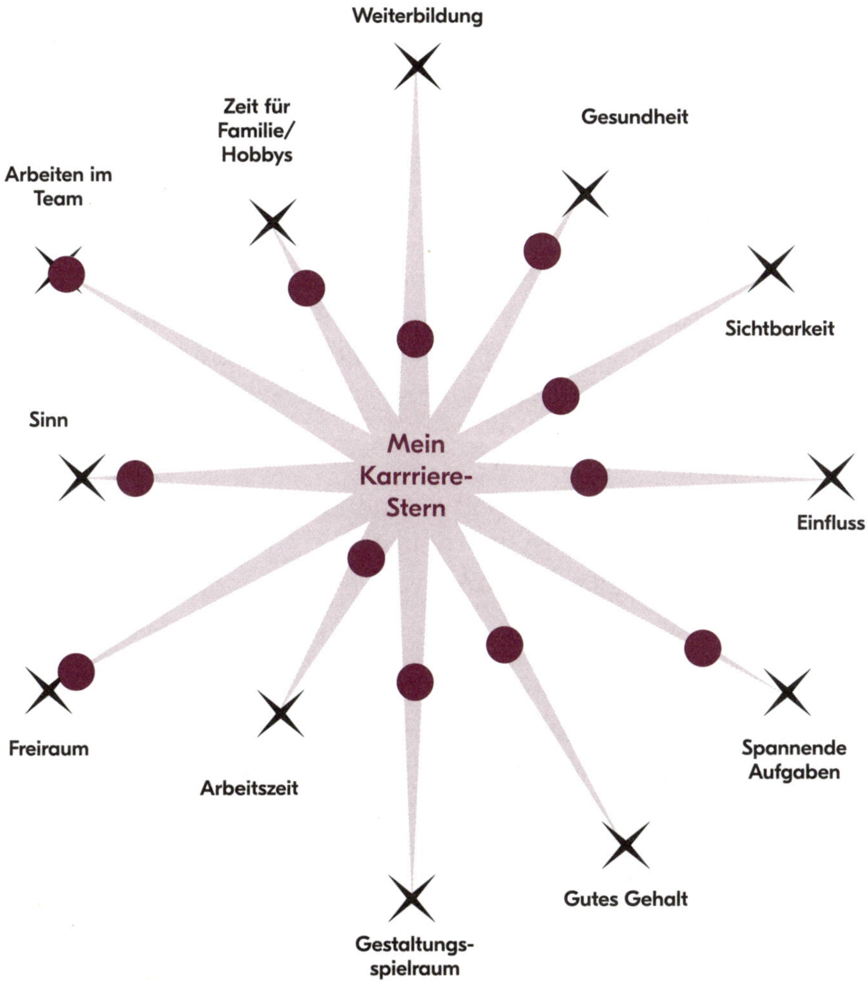

Dein Karriere-Stern, den du dir gebaut hast, kann dich auf deinem Weg zu deiner Wunschkarriere leiten. Gönne dir immer wieder Zeit und schaue, ob sich etwas verändert hat, welche Aspekte gerade wichtiger, welche unwichtiger sind. Wahrscheinlich werden sich diese Aspekte je nach Lebens- oder Karrierephase immer wieder verschieben und verändern. Nimm es so wie es ist und arbeite damit weiter auf deinem Weg zur Traumkarriere. Was ist dir für das nächste Jahr wichtig? Was für die nächsten zwei bis drei Jahre? Was wäre eine schöne Idee für eine langfristige berufliche Ausrichtung?

DER NÄCHSTE SCHRITT: ES WIRD KONKRETER

Als zweiten Schritt, zusätzlich zum Stern, überlege einmal, was dir noch wichtig ist, damit du dir ein möglichst umfassendes Bild von deinem nächsten attraktiven Job machen kannst. Du findest hier Aspekte, die ich aus Sicht einer Personalerin für relevant halte. Verstehe sie als Inspiration und ergänze das, was du zusätzlich für wichtig erachtest.

Ort/Region

- Wo möchtest du leben (Land, Stadt, Region)?
- Wo und wie möchtest du wohnen?
- Wo möchtest du arbeiten?
- ...

Organisatorisches

- Welche Art von Unternehmen wünscht du dir (Konzern, Mittelstand, Familienunternehmen, Start-up etc.)?
- Welche Art von Arbeitsverhältnis stellst du dir vor (Selbstständigkeit, Anstellung, Kombination aus beidem, Teilzeit, Vollzeit etc.)?
- Wie soll die Umgebung sein, in der du arbeitest (Arbeitsplatz, Atmosphäre, Großraumbüro, Einzelbüro etc.)?
- Wie flexibel sollen deine Arbeitsmöglichkeiten sein (Arbeit in Präsenz, Homeoffice, Hybrid etc.)?

- Wie weit möchtest du pendeln, wie viel Reisetätigkeit funktioniert für dich?
- Wie lange soll ein Arbeitstag in der Regel sein?
- Wie gehst du mit Überstunden um?
- ...

Soziale Rahmenbedingungen
- Wie wichtig ist dir der Kontakt zu Kolleg:innen und/oder Kund:innen?
- Was bedeutet dir die Arbeit im Team?
- ...

Geschwindigkeit und Abwechslung
- Welche Art von Tätigkeit wünscht du dir (Routine-Tätigkeit oder ständig etwas Neues, Tempo oder Gemächlichkeit)?
- Wie viele regelmäßige Veränderungen möchtest du in deiner zukünftigen Position haben?
- Wie wichtig ist es dir, Einfluss auf zukünftige Veränderungen zu haben, zum Beispiel durch Mitsprachemöglichkeiten bei Projektveränderungen oder -wechsel?
- ...

Sicherheit
- Wie wichtig ist es dir, Sicherheit im Beruf zu haben (befristete oder unbefristete Verträge, projektbasierte Arbeiten)?
- Wie viel Geld möchtest du verdienen, um Sicherheit zu empfinden?
- Was brauchst du, jenseits deines Gehalts, um grundsätzlich Sicherheit zu empfinden?
- ...

Persönliche Perspektiven
- Was ist beim nächsten Karriereschritt außerdem zu berücksichtigen (Familiengründung, intensive Hobbys etc.)?
- Wie sind die Rollen in deiner Beziehung verteilt?

Welche beeinflussen dein berufliches Leben?
– ...

Wenn du beides, Karriere-Stern und Beantwortung der Fragen, gemacht hast, setze dich noch einmal hin und ergänze dein Bild.

Lege zum Abschluss der Reflexion deinen Stern auf die linke und deine Antworten auf die obigen Fragen auf die rechte Seite und schaue dir beides an. Was für ein Bild deiner Karriere ergibt sich? Was brauchst du noch? Was ist gut, wie es ist? Was soll anders werden im nächsten Schritt?

UNIQUE SELLING POINT (USP): WAS DICH EINZIGARTIG MACHT

Wie du deine Karrierewünsche und -ziele entwickeln kannst, hast du dir eben angeschaut. Hier kannst du nun deinen USP, deinen Unique Selling Point, erarbeiten. Also das, was dich einzigartig macht.

Oder ist es dir schon bewusst? Meist ist es uns nicht bewusst. Denn im USP finden sich unsere Stärken. Wenn wir unsere Stärken leben, dann fällt uns das oft so leicht, dass wir sie gar nicht als solche wahrnehmen. Es kann sein, dass dir eher einfällt, was du alles nicht kannst und was deine vermeintlichen Schwächen sind. In diesem Fall bist du in guter Gesellschaft, meiner Ansicht nach aber auf dem Holzweg. Denn wie wunderbar ist es, wenn deine Arbeit dir so leicht von der Hand geht, dass du es gar nicht merkst. „Hobby zum Beruf gemacht", wäre eine Aussage dazu. Unsere Prägung ist meist eine andere. Nur Arbeit, die weh tut, die unter „Blut, Schweiß, Tränen" geleistet wurde, ist etwas wert. Probiere es mal mit deinen Stärken. Mit mehr von dem, was leichtfällt – mit deinem USP.

NUTZEN

Der USP hilft dir, klar im „Innen" zu werden. Wenn du klar im „Innen" bist, dann kannst du sehr klar und leicht nach „Außen" kommunizieren und deinen Wert sichtbar machen. Mit deiner inneren Sicherheit wirst du überzeugender im Außen. Du kannst flexibel und anpassungsfähig in unterschiedlichen Situationen agieren, bei Bewerbungen, Jahresgesprächen, Beförderungspitches etc. Denn du weißt nicht nur, was du kannst, sondern du hast es verinnerlicht. Die Erkenntnis ist quasi vom Kopf in den Bauch gerutscht. Dein Handeln wird authentischer. Damit kannst du Menschen überzeugen und Vertrauen aufbauen.

WAS MACHT DICH ALSO EINZIGARTIG? WAS UNTERSCHEIDET DICH VON ANDEREN?

Keine Person auf der Welt bringt genau die Kombination an Eigenschaften, Stärken, Erfahrungen, Leidenschaften etc. mit wie du. Nimm dir ein wenig Zeit. Mit den folgenden Leitfragen kannst du dich deinem USP sukzessive nähern.

1. Was sind deine Stärken? Was kannst du gut?

- Was sind besondere Fähigkeiten von dir?
- Auf welche Kompetenzen kannst du vertrauen?
- Was schätzen andere an dir?
- Welche Erfolge konntest du bisher feiern?
- Wonach wirst du immer wieder als kompetente Frau gefragt?
- Um was wirst du oft gebeten?
- Was trägst du zu einer Gruppe, einem Gespräch, einer Aufgabe bei?
- Was geht dir so leicht von der Hand, dass du es nicht merkst?
- Für welche Fähigkeiten bekommst du viel Anerkennung?

2. Was sind deine Leidenschaften? Wofür brennst du?

Fachliche Schwerpunktsetzung:

- Für welche Themen brennst du?
- Welche Aufgaben und Tätigkeiten machen dir richtig Spaß?
- Zu welchen Themen liest, hörst, siehst du privat? Zu welchen Themen hast du Newsletter, Podcasts abonniert?
- Welche fachlichen Themen haben dich in der Vergangenheit erfüllt?

Weitere Innenansicht:
- Auf welches Ergebnis warst du in der letzten Zeit besonders stolz?
- Bei welchen Tätigkeiten vergisst du die Zeit?
- Welche Erfolge bzw. Erfolgserlebnisse hattest du in der Vergangenheit?
- Was verfolgst du mit Spannung im aktuellen Tagesgeschehen?
- Womit beschäftigst du dich gerne im Alltag?
- Womit verbringst du gerne viel Zeit?
- Was sind deine Hobbys?

3. Was ist deine Wirkung? Was gefällt dir an dir?
- Auf welche Eigenschaften bist du besonders stolz?
- Was magst du an deinem Charakter, deiner Persönlichkeit?
- Um welche Hilfe wirst du immer wieder gebeten?
- Was schätzen andere an deiner Art? Deinem Auftritt? Deiner Persönlichkeit?

Oder du vervollständigst folgende Sätze:
- Mir gefällt an mir, dass ...
- Ich mag die Art, wie ich ...
- Ich schätze an mir, dass ...
- Was ich mir schon immer einmal Positives sagen wollte: ...

Du hast sicherlich einiges zu den Leitfragen gefunden. Nun clustere alles und bilde Überschriften. Arbeite für die drei Aspekte den Kern heraus.

In unserem Frauennetzwerk Women@4C haben wir uns im Rahmen einer Gruppenarbeit in Präsenz damit auseinandergesetzt. Zunächst erfolgte die individuelle Beschäftigung mit unseren Stärken, Leidenschaften und Wirkungen in Einzelarbeit, um diese dann in einem Tandem zu diskutieren. Da wir uns alle sehr gut kennen, veröffentlichten wir unsere bisherigen Erkenntnisse und hängten im dritten Schritt unsere Unterlagen an die Wände des Besprechungsraums. Anschließend sind wir von Unterlage zu Unterlage gelaufen und haben bei den Frauen, zu denen wir etwas sagen konnten, unsere Einschätzungen hinzugefügt und somit ein Fremdbild abgegeben. Das war eine sehr bereichernde und vertrauensbildende Erfahrung. Eine solche Übung durchzuführen, kostet viel Mut und Vertrauen. Wir hatten damals in diesem Moment beides. Es kostet nichtsdestoweniger viel Kraft und ist nicht immer ganz einfach. Ich empfehle dir, deinen USP aufzuschreiben und dann auf deine beste Freundin zuzugehen. Frage sie: „Hör mal, so sehe ich mich, was hältst du davon?“

FREMDBILD

Wenn du ein weiteres Fremdbild mit aufnehmen möchtest, dann frage auch Menschen, denen du vertraust. Aus deinem privaten und/oder beruflichen Umfeld. Stelle ihnen die gleichen Fragen wie oben genannt, formuliere diese dementsprechend um („Was gefällt dir an mir?“) und mache dir Notizen. Auch hier gibt es bestimmt ein paar Dinge, die sich wiederholen oder dir ein Muster aufzeigen. Vielleicht sind auch ein paar ganz neue Perspektiven dabei, die dich auf deine dir verborgenen Stärken hinweisen und mehr Leichtigkeit in dein Leben bringen können. Wie gesagt, unsere Stärken sind uns oft verborgen, aber für andere sehr klar und offensichtlich erkennbar. Nutze die Perspektive von außen, um Klarheit zu gewinnen.

Zusammenhang USP und Elevator Pitch

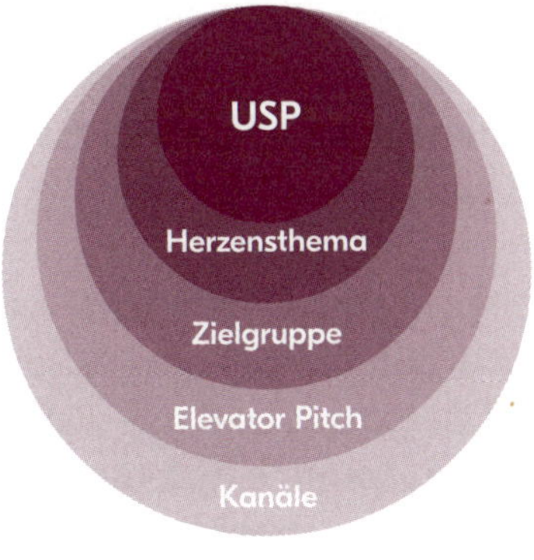

Dein USP ist die Basis, er führt dich zu deinem Herzensthema, das für eine bestimmte Gruppe Menschen, deine Zielgruppe, interessant ist. Dort kannst du deinen Elevator Pitch einsetzen und entscheiden, über welche Kanäle du sonst noch sichtbar werden möchtest.

EXKURS: ELEVATOR PITCH

Beruflicher Erfolg ist natürlich von Leistung abhängig, gleichzeitig aber auch zu einem Großteil von deinem Netzwerk und deiner Reputation (also Kompetenz + Sympathie). Einige Menschen sagen, das berufliche Fortkommen sei zu 30 Prozent von Leistung und zu 70 Prozent von deinem Netzwerk abhängig. Damit dein Netzwerk erfährt, was du kannst und wofür du stehst, kannst du deinen USP und deinen Elevator Pitch einsetzen.

Egal, wie die Zahlen nun aussehen. Festhalten lässt sich: Gemeinsam geht es leichter. Sprich, in bzw. mit einem Netzwerk. Wenn dein Netzwerk dich unterstützen soll, dann muss es wissen, was du kannst, anbietest, suchst etc. Der Kern ist dein USP, der dich zu deinem Herzensthema und zu der dafür relevanten Zielgruppe bringt. Um dein Anliegen, dein Herzensthema dort überzeugend darzulegen, hilft dir dein Elevator Pitch. Dieser erlaubt es dir, dein Thema in kurzer Zeit (eine Fahrstuhlfahrt lang) prägnant in deine Zielgruppe zu kommunizieren. Welchen Kanal du dazu am besten nutzt, kannst du zum Schluss entscheiden (siehe auch Kapitel „Gekonnte Selbstvermarktung“).

Elevator Pitch bei Netzwerkveranstaltungen

- Meine Name ist ...
- Das [Thema] ist aktueller denn je [Beispiel].
- Daraus ergibt sich [Situation].
- Für Sie [als Zielgruppe] ergibt sich damit folgendes [Problem/Herausforderung].
- Für [diese Situation/dieses Problem] liefere ich mit [Produkt/Dienstleistung/USP] eine erfolgreiche Lösung.
- Ist das interessant für Sie?

Das Beispiel wirkt vielleicht etwas holzschnittartig und wird wohl auch nur in Ausnahmesituationen in dieser Form genutzt werden. Die einzelnen Sätze wirst du aber über ein Gespräch hinweg durchaus einflechten und nutzen können. Damit kannst du dich bei deinen Gegenüber für die Themen, die dir wichtig sind, bekannt machen. Probiere es aus. Du wirst sehen, nach ein paar Gesprächen hast du deinen USP verinnerlicht und es läuft fast von alleine.

Gleichzeitig kannst du im Netzwerk oder im Unternehmen so auch hervorragend für andere werben. Tausche deinen Elevator Pitch mit einer Handvoll Frauen, denen du vertraust, aus, teile mit, bei welchen Leuten, Zielgruppen du und deine Kompetenzen sichtbar werden sollen, und bringe andere Frauen dort ins Spiel, wo es ihnen wichtig ist.

> „Gesellschaftlich ist es viel akzeptierter, wenn Frauen für andere Werbung machen als für sich selbst. Meist fällt es ihnen zudem auch viel leichter. Probiert es aus und unterstützt euch gegenseitig!"
>
> **Claudia Irsfeld**

Natürlich kannst du aber auch die Erkenntnisse aus deinem Elevator Pitch bei Einstellungsgesprächen nutzen. Du kannst kurz und knackig darlegen, wer du bist und warum dich das Unternehmen unbedingt einstellen sollte. Das könnte so aussehen:
- Sie möchten mit der Position ... folgende [Probleme/Aufgaben] ... lösen.
- Dazu brauchen Sie ...
- Diese Besonderheiten bringe ich mit.
- Meine Stärken sind/mein USP ist ...
- Da kommen wir meiner Ansicht nach gut zusammen.
- Wie sehen Sie das?

Literatur

Daniela Heggmaier (2017): Selbst-PR: Der goldene Weg zu mehr Sichtbarkeit und Erfolg. München: Marie von Mallwitz Verlag.
Robert Kötter, Marius Kursawe (2015): Design your Life: Dein ganz persönlicher Workshop für Leben und Traumjob. Frankfurt am Main: Campus Verlag.

„Nutze auch die Chancen, die dir nicht gegeben werden."

DR. TANJA HAUPT

Dipl.-Psychologin und Senior Consultant
Cross Consult GbR

Interview mit **CLAUDIA BAUER**

Head of Marketing

LinkedIn

> Identifiziere deine Prioritäten sowohl im Job als auch im Privaten. Klare Prioritäten helfen dir dabei, deine Zeit und Energie effizient einzusetzen und deinen eigenen Anspruch zu definieren.

Führung und Familie – so kann's gehen!

PERSÖNLICHE INSIGHTS UND TIPPS

Claudia Bauer hat sich zum Gespräch mit Alexandra Mistele getroffen, um über die Vereinbarkeit von Karriere und Familie zu sprechen.

Hallo Claudia, schön, dass du dir heute Zeit nimmst, uns davon zu berichten, wie du Karriere und Familie in einen perfekten Einklang bringst. Bevor wir auf deine Erfahrungen eingehen, ein paar Fragen, um dich persönlich besser kennenzulernen:

Seit wann bist du Führungskraft und seit wann Mama? Welche Position bekleidest du und wie groß ist dein Team?

Begonnen habe ich bei meinem jetzigen Unternehmen im Jahr 2009 – damals hatte ich weder konkrete „Karrierepläne" noch konkrete „Familienpläne". Meinen ersten Sohn habe ich dann

„Mein persönlicher Karriere-Hashtag lautet #ItsUpToYou: Viele Menschen werden dich auf deinem Weg begleiten, als Führungskräfte, Mentor:innen und Unterstützer:innen. Doch du allein bist verantwortlich für die Gestaltung deines eigenen, ganz persönlichen Karrierepfads. Zwangsläufig werden sich dir vielfältige Chancen bieten, wenn du authentisch bleibst und über alle Ebenen hinweg auf Augenhöhe mit deinen Mitmenschen agierst, wenn du dich neugierig und wissbegierig auf neue Herausforderungen stürzt und dich voller Mut traust, deine Komfortzone zu verlassen. Ich möchte dich dazu ermuntern, auf dich und deine Stärken zu vertrauen und allen Selbstzweifeln zum Trotz die herausragenden Chancen zu ergreifen. Die Vielfalt deiner Optionen war nie größer als heute."

DR. MARTINA GIEG

Group HR Officer & Member of the Group Mgmt. Committee, Heraeus Holding GmbH einige Jahre nach meinem Einstieg bekommen – das war 2014. Etwa zur gleichen Zeit konnte ich auch erste Erfahrung als Führungskraft sammeln. Seitdem sind meine Verantwortung und mein Team stetig gewachsen. Heute bin ich für den gesamten Marketingbereich verantwortlich und werde derzeit von acht Kolleginnen und Kollegen hervorragend unterstützt.

Welches Arbeitszeitmodell nutzt du gerade?
Aktuell arbeite ich 28 Stunden in der Woche in Teilzeit. Anfangs hatte ich die klassische 40-Stunden-Woche – vor den Elternzeiten. Mittlerweile bin ich Mutter von zwei Jungs. Nach den Elternzeiten bin ich mit jeweils 15 Stunden gestartet und habe langsam meine Stundenzahl gesteigert. Dabei hatte ich schon immer einen hohen Freiheitsgrad in der Einteilung meiner Stunden und Arbeitszeit – auch schon lange vor Corona und der damit einhergehenden höheren Flexibilität für Arbeitnehmende.

Was bedeutet für dich Karriere?
Für mich bedeutet Karriere, dass ich mich innerhalb eines bestimmten Rahmens persönlich und fachlich stetig weiterentwickeln kann. Dabei hilft mir der Austausch mit anderen Führungskräften sehr. Karriere ist generell eine sehr individuelle Definition, wie ich finde. Konkret habe ich in meiner persönlichen Karriere gelernt, mit stetig steigenden Anforderungen, einem größeren Verantwortungsbereich und auch mit einem größeren Team einen immer größeren Wertbeitrag für das Unternehmen zu generieren. Innerhalb dieses Verantwortungsbereichs habe ich mich sowohl persönlich als Führungskraft, aber auch mit meiner fachlichen Kompetenz stetig weiterentwickelt.

Wie würdest du dich und deine Arbeitsweise beschreiben?
Sehr gut strukturiert und organisiert. Das war ich jedoch schon immer und hat sich noch zusätzlich in den letzten Jahren gesteigert. Ansonsten versuche ich, meinem Team viel Gestaltungsspielraum zu geben, und arbeite mit festen Verantwortlichkeiten

innerhalb des Teams. Gerade in der Anfangszeit, mit noch sehr wenigen Teammitgliedern, waren wir eher alle Generalisten. Mittlerweile kann sich jedes einzelne Teammitglied mehr fokussieren und in einzelnen Themengebieten spezialisieren.

Wie hast du es geschafft, eine erfolgreiche Karriere aufzubauen, während du auch deine Rolle als Mutter ausfüllst?
Zunächst muss man sagen, dass es schon ein großer Spagat ist und man häufig mit dem eigenen Anspruch und den Erwartungshaltungen, die man meist selbst für seine Rollen hat, kämpft. Einerseits möchte ich meinen Job bestmöglich und erfolgreich machen, andererseits eine ruhige, ausgeglichene Person für die eigenen Kinder sein. Gerade in der Corona-Zeit war das schon sehr schwer. Aber letztlich MUSS man für sich ein optimales Modell finden, in dem der Arbeitgeber und die eigene Karriere, die Kinder und ihre Bedürfnisse, aber auch man selbst und der Partner nicht zu kurz kommen. Das Fundament hierfür sind für mich die beiden Säulen „Flexibilität" seitens des Betriebs und „Selbstorganisation" für mich und meine Familie. Auch hier gilt: Alle müssen versuchen, das für sich beste Modell zu finden und die Rahmenbedingungen bestmöglich zu gestalten und zu nutzen. Ein offener Dialog mit dem Unternehmen oder auch der Führungskraft hat mir hier sehr geholfen.

Was sind die größten Herausforderungen, die du bei der Vereinbarkeit von Familie und Karriere erlebt hast?
Die Grenzen verschwimmen natürlich stark. Häufig sitze ich mit meinem Mann abends auf der Couch und wir arbeiten beide noch offene Punkte des Tages ab. Dafür ist uns wichtig, dass wir abends als Familie gemeinsam Abendbrot essen. Durch meine große Leidenschaft für und meine Freude an der Arbeit ist es für mich aber keine große Belastung, wenn ich abends noch den einen oder anderen Task bearbeite. Durch meine derzeit 28 Stunden bleiben aber auch noch untertags Freiräume, die ich bewusst für Sport oder Familienzeit nutze.

Welche grundlegenden Herausforderungen siehst du darüber hinaus?
Herausforderungen sehe ich dann, wenn etwas Außerplanmäßiges passiert – zum Beispiel, wenn die Kinder, ich selbst oder Mitarbeitende aus meinem Team krank sind. Dann gilt es, schnell einen Plan B zu machen. Und natürlich ist es wichtig, sich innerhalb der Familie abzusprechen. Mein Mann und ich tauschen uns jedes Wochenende über anstehende Termine und wichtige Themen aus. So haben alle einen Überblick, welche Termine im Zweifel Priorität haben. Diesen Familienkalender pflegen wir ohne großen Aufwand.

Das Zeitmanagement, also die Aufteilung der begrenzten Zeit zwischen Familie und Beruf, kann trotzdem eine große Herausforderung sein. Manchmal ist es schwierig, genügend Zeit für beide Bereiche zu finden und sicherzustellen, dass man seinen Verpflichtungen in beiden Bereichen gerecht wird.

Wie sind deine Erfahrungen in Sachen Kinderbetreuung?
Die Suche nach einer zuverlässigen und qualitativ hochwertigen Kinderbetreuungseinrichtung ist eine Herausforderung. Es kann teuer sein und es erfordert oft viel Zeit und Mühe, eine passende Betreuungsmöglichkeit zu finden, die den Bedürfnissen der Familie entspricht.

> „Durch den Sport schaffe ich einen mentalen und physischen Ausgleich zu meinem Berufsleben.“
>
> **Claudia Bauer**

Wie hast du es geschafft, auch in stressigen Situationen ein ausgeglichenes Leben zu führen?
Die Kombination von familiären und beruflichen Verpflichtungen führt zu erhöhtem Stress und Erschöpfung. Es ist wichtig, auf das eigene Wohlbefinden zu achten und Ausgleich zu schaffen, um

Krankheiten vorzubeugen. Bei mir ist dieser Ausgleich Sport – seit ca. drei Jahren treibe ich deutlich mehr Sport als früher und habe dies auch aktiv in meinen Tagesablauf mitberücksichtigt. Durch den Sport schaffe ich einen mentalen und physischen Ausgleich zu meinem Berufsleben. Und ein weiterer Faktor sind andere Familien in vergleichbaren Situationen: Hier helfen wir – mein Mann und ich – uns auch mal in Notsituationen gegenseitig und können so besser auf unplanbare Situationen reagieren.

Wie hat dich dein Unternehmen bei der Vereinbarkeit von Familie und Karriere unterstützt? Was sind die flexiblen Arbeitsbedingungen, die das Unternehmen dir bietet, um dir zu helfen, deine familiären Verpflichtungen zu erfüllen?
Von Anfang an hat mir mein Unternehmen maximale Flexibilität in den Arbeitszeiten und Rahmenbedingungen ermöglicht. Somit war ich die erste Mitarbeitende im Unternehmen, die aktiv das Thema Homeoffice gelebt hat. Dafür bin ich dem Unternehmen sehr dankbar. Ich kann meine Arbeitszeiten komplett selbst wählen und auch kurzfristig davon abweichen. Letztendlich ist für mich der Job ein Life-Time-Modell.

Wie wichtig war es für dich, dass das Unternehmen dir die Möglichkeit bietet, von zu Hause aus zu arbeiten, um deine Familie zu unterstützen?
Sowohl das Unternehmen als auch ich sind daran interessiert, dass es mir langfristig Spaß macht, ich nicht unter dem Druck zerbreche und weiterhin motiviert meinen Tätigkeiten nachgehe. Die Möglichkeit, von zu Hause aus zu arbeiten, hilft mir, Beruf und Familie effektiv zu vereinbaren. Homeoffice-Tage oder die Möglichkeit, Remote-Arbeit zu leisten, bieten Flexibilität und sparen Zeit für den Arbeitsweg.

Welche Aspekte sind deiner Meinung nach zusammenfassend am wichtigsten, wenn es um die Vereinbarkeit von Familie und Karriere geht?

Zusammenfassend kann ich sagen, dass folgende Aspekte ausschlaggebend sind:

Einmal sind das **flexible Arbeitszeitmodelle**: Die Bereitstellung von flexiblen Arbeitszeitoptionen ermöglicht es mir, meine Arbeitszeiten an meine persönlichen Verpflichtungen anzupassen und somit Zeit für soziale Aktivitäten zu haben.

Dann sind da **Homeoffice- oder Remote-Arbeit**: Durch das Angebot von Remote-Arbeitsmöglichkeiten spare ich mir viel Zeit (Arbeitsweg), was mehr Raum für soziale Aktivitäten schafft.

Wichtige Punkte sind auch **klare Kommunikation und Erwartungen**: Eine offene Kommunikation zwischen dem Unternehmen und mir über die Erwartungen an die Arbeitsleistung und die Vereinbarkeit von beruflichen und persönlichen Verpflichtungen war und ist wichtig, um ein gesundes Gleichgewicht zu finden.

Inwiefern profitieren Betriebe deiner Meinung nach davon, wenn sie sich für Vereinbarkeit von Karriere und Mutterschaft einsetzen?

Im Hinblick auf die Vereinbarkeit von Karriere und Mutterschaft spielt das Unternehmen für mich eine sehr wichtige Rolle. Eine familienfreundliche Unternehmenskultur und unterstützende Maßnahmen wie zum Beispiel die Flexibilität in den Arbeitszeiten ermöglichen es, mir meine beruflichen Ambitionen zu verfolgen und gleichzeitig meine Rolle als Mutter zu verfolgen. Arbeitgeber, die sich für die Vereinbarkeit von Karriere und Mutterschaft einsetzen, können von motivierten und engagierten Mitarbeiterinnen profitieren. Die Schaffung einer familienfreundlichen Arbeitsumgebung fördert die Mitarbeitendenbindung, steigert die Zufriedenheit und trägt zur Schaffung einer vielfältigen und inklusiven Arbeitskultur bei.

„Ganz wichtig ist es, ein Unterstützungssystem aufzubauen."

Claudia Bauer

Was würdest du zusammenfassend anderen Frauen empfehlen, die auch versuchen, eine erfolgreiche Karriere und eine erfüllende Familienzeit zu erreichen?

Ganz wichtig ist es, ein **Unterstützungssystem aufzubauen**: Es ist essenziell, ein unterstützendes Netzwerk von Familie, Freunden oder sogar professionellen Dienstleistungen wie flexiblen Kitas und Kindergärten zu haben, um bei der Betreuung der Kinder zu helfen.

Daneben ist **effektives Zeitmanagement** entscheidend, um berufliche und familiäre Verpflichtungen in Einklang zu bringen. Dies kann die Priorisierung von Aufgaben, das Festlegen von Zeitblöcken für spezifische Aktivitäten und das Delegieren von Aufgaben umfassen. **Flexibilität** sowohl im beruflichen als auch im familiären Bereich kann helfen, den Anforderungen beider Rollen gerecht zu werden. Dies kann die Möglichkeit beinhalten, von zu Hause aus zu arbeiten, flexible Arbeitszeiten zu haben oder Teilzeit zu arbeiten. Ein weiterer entscheidender Punkt ist die **Selbstfürsorge**: Es ist wichtig, Zeit für sich selbst zu finden und auf die eigene körperliche und geistige Gesundheit zu achten. Dies kann das Einplanen von Ruhepausen, regelmäßiger Bewegung und die Pflege von Hobbys beinhalten.

Und wenn sich, wie es bei vielen berufstätigen Müttern der Fall ist, doch mal Schuldgefühle einschleichen?

Berufstätige Mütter sollten sich bewusst machen, dass es sehr wahrscheinlich ist, hin und wieder Schuldgefühle zu haben. Es ist jedoch wichtig, sich daran zu erinnern, dass man sein Bestes gibt und dass es in Ordnung ist, Unterstützung anzunehmen, wenn nötig.

Vielen Dank, liebe Claudia, für die offenen Worte und deine Tipps. Dir weiterhin viel Erfolg und Freude!

Interview mit **JULIA-CLAIRE MÖBIUS**

Consultant IT Management & Innovation

> Bleib aufmerksam, determiniert und positiv und lasse dich von nichts und niemandem unterkriegen!

LinkedIn

Emotionen, ja bitte!

WAS EMPATHISCHE FÜHRUNG AUSMACHT

In diesem Kapitel wollen wir uns dem Thema Führung widmen. Hierzu hat sich Alexandra Mistele mit Julia-Claire Möbius zu ihrer Bachelor-Arbeit mit dem Titel „Empathy as a Success Factor in Context of the changing Leadership Requirements in the 21st Century“ ausgetauscht. Wir möchten dir damit einen umfassenden theoretischen Einblick geben, wie sich Führung verändert hat, was Empathie mit Führung zu tun hat und welche Vorteile das für Frauen in Führung bietet.[1]

[1] Bei der Verschriftlichung der Antworten wurden die Vorzüge künstlicher Intelligenz eingesetzt, um bedeutsame Abschnitte aus der genannten Bachelor-Arbeit zusammenzufassen und hier zu ergänzen.

Claire, könntest du dich den Leser:innen bitte einmal vorstellen und erzählen, warum du damals dieses Thema für deine Bachelor-Arbeit gewählt hast.
Mein Name ist Claire, ich bin Beraterin und seit circa drei Jahren bei meinem heutigen Unternehmen. Das Thema Leadership hat mich schon immer begeistert. Menschen sind das Hauptkapital jedes Unternehmens. Führungskräfte haben aus meiner Sicht eine riesige Aufgabe und Verantwortung, ein Umfeld zu schaffen, in dem sich Mitarbeitende wohl und sicher fühlen, verwirklichen und auch entwickeln können. Da für mich im Bachelor schon klar war, dass ich irgendwann gerne Führungsverantwortung übernehmen möchte, habe ich diesen Fokus für meine Bachelor-Arbeit gewählt. Mich hatte interessiert, was die Wissenschaft zum Thema gute und effektive Führung zu sagen hat und was geachtete Führungskräfte wie Satya Nadella oder Sheryl Sandberg als wichtig erachten. Bei meiner Recherche bin ich dann auf Empathie als wichtiges Attribut für erfolgreiche und holistische, also ganzheitliche, Führung gestoßen. Die Erkenntnisse aus meiner Bachelor-Arbeit nehme ich seither in meinen Arbeitsalltag mit und versuche, diese aktiv umzusetzen. Aktiv Empathie anzuwenden im Arbeitsalltag birgt für mich große Chancen und macht mich zu einer besseren Beraterin.

Inwiefern?
In der Beratung übernimmt man sehr schnell Führung. In Projekt-Terminen bin ich zum Beispiel als Moderatorin dafür verantwortlich, Rahmenbedingungen für die Erarbeitung von Lösungen zu schaffen und dass das Team möglichst effektiv zusammenarbeitet. Dazu bedarf es oft der Steuerung verschiedenster Charaktere, des Erkennens von verschiedenen Standpunkten, Sorgen, Ängsten und Hemmschwellen und des sensiblen Umgangs mit Konflikten. In diesen Terminen und auch sonst, wenn ich in die Führung gehe, nehme ich mir immer vor, aktiv zuzuhören und neugierig zu sein, was die Bedürfnisse und Beweggründe der einzelnen Teilnehmenden angeht. So kann ich ihnen mit

Respekt und Verständnis begegnen, während ich gleichzeitig die Ziele und/oder Agenda-Punkte im Fokus habe.

Wie hat sich der Führungsstil in den letzten Jahren verändert?
In der Vergangenheit mussten „Führungskräfte charismatisch, einnehmend, überzeugend und ausschließlich auf das Endergebnis ausgerichtet sein“[2]. Führungspersönlichkeiten waren Helden, selbstständig und individualistisch, sie übernahmen das Kommando und zeigten Entschlossenheit, Durchsetzungsvermögen und profunde analytische/technische Kenntnisse. Heute hat man die Erkenntnis gewonnen, dass sich die Welt zunehmend verändert: Ständiger technologischer Fortschritt, Globalisierung und zunehmende Vielfalt bilden einen immer komplexeren und agileren Markt. Es wurde erkannt, dass Führung flexibler werden und sich an multiple Situationen anpassen muss, um den Anforderungen gerecht zu werden und in diesem zunehmend vernetzten Umfeld wettbewerbsfähig zu sein. Zwischenmenschliche Fähigkeiten, sozio-emotionale Fähigkeiten, soziale Kompetenz – all diese Variablen sind anerkanntermaßen von zentraler Bedeutung im neuen Führungsstil und die Basis für langfristiges Wachstum und Erfolg.

Was bedeutet das für die Zukunft des Führens?
Empathie wird immer wichtiger. Empathie gewinnt in der Geschäftswelt zunehmend an Bedeutung aus verschiedenen Gründen.

Erstens verändern sich die Arbeitsumgebungen, und Unternehmen legen verstärkt Wert auf Team- und Zusammenarbeit. Empathie ist entscheidend, um Beziehungen aufzubauen, Verständnis zu entwickeln und effektiv zusammenzuarbeiten.

Zweitens wird ein kundenzentrierter Ansatz immer wichtiger. Empathie ermöglicht es Unternehmen, die Bedürfnisse und Erwartungen ihrer Kund:innen besser zu verstehen und maßgeschneiderte Lösungen anzubieten.

[2] Gary Hamel (2009): Moon Shots for Management. Harvard Business Review 87 (2), S.93: https://shorturl.at/boR07, zuletzt aufgerufen am 9.11.23.

Drittens trägt Empathie zur Mitarbeitendenbindung und zum Engagement bei. Wenn Unternehmen sich um das Wohlergehen und die Bedürfnisse ihrer Mitarbeitenden kümmern, schaffen sie eine positive Arbeitsumgebung, die die Motivation und Produktivität steigert.

Viertens ermöglicht Empathie eine effektive zwischenmenschliche Kommunikation. Durch das Verständnis der Perspektiven und Gefühle anderer können Missverständnisse vermieden und Konflikte reduziert werden.

Schließlich fördert Empathie die Kreativität und Innovationsfähigkeit eines Unternehmens, da Mitarbeitende durch das Einfühlen in andere deren Bedürfnisse besser verstehen und neue Ideen generieren können.

Was verstehst du unter Empathie? Sind Empathie und Emotionen das Gleiche?

Jeff Wolf, Autor von „Seven Disciplines of a Leader" (2014), bringt es auf den Punkt: Empathie ermöglicht es, sich in die Schuhe einer anderen Person zu stellen und deren Gefühle zu verstehen und persönlich nachzuvollziehen. Der Begriff „Empathie" stammt aus dem frühen 20. Jahrhundert und leitet sich vom griechischen Wort „empatheia" ab, das sich aus „em" (in) und „pathos" (Gefühl) zusammensetzt. Viele Gelehrte und Wörterbücher haben Empathie ähnlich definiert. Es umfasst die Fähigkeiten, die Emotionen von Menschen wahrzunehmen und zu identifizieren, Gefühle anhand verbaler und nonverbaler Botschaften, Wahrnehmungen oder Umstände zu erkennen, sie nachzuerleben und auszudrücken sowie Mitgefühl zu zeigen. Daraus folgt, dass Empathie und Emotionen nicht das Gleiche sind. Emotionen, also seine eigenen Gefühle, teilt man mit anderen Menschen, während Empathie die Fähigkeit ist, Emotionen anderer wahrzunehmen und einzuordnen.

> „Es ist gut zu wissen, dass man alles machen kann.
> Man muss nur damit anfangen."
> Julia-Claire Möbius

Wie stehst du zur Annahme, dass im Business-Kontext Frauen empathischer sind als Männer – kann man das so sagen?
Untersuchungen zufolge zeigen Frauen im Durchschnitt mehr Empathie als Männer. Vongas und Al Hajj (2015) haben in ihrem Artikel „The Evolution of Empathy and Women's Precarious Leadership Appointments" Beweise für einen weiblichen Empathie-Vorteil gefunden, indem sie zahlreiche Studien verglichen und dargelegt haben, die zu dem Schluss kommen, dass Frauen in Bezug auf Empathie besser abschneiden als Männer und diese in zahlreichen verhaltensbezogenen und kognitiven Messungen der Empathie übertreffen. Dieser Unterschied wird auf evolutionäre und biologische Faktoren zurückgeführt. Frauen sind sensibler, um geeignete Partner zu finden und die Bedürfnisse von Säuglingen zu erkennen. Untersuchungen aus verschiedenen Studienbereichen unterstützen diese Erkenntnis, indem sie zeigen, dass Frauen in vielen Empathie-Messungen höhere Werte erzielen als Männer. Darüber hinaus fand David G. Myers (2002) heraus, dass weibliche Gehirne eine höhere Empathie-Fähigkeit haben und nach Simon Baron-Cohen (2003) „überwiegend für Empathie vorprogrammiert" sind. Gibt es deshalb aber trotzdem individuell Frauen mit wenig Empathie und Männer mit viel Empathie? Na klar! Das heißt, allgemein betrachtet kann man sagen, dass Frauen empathischer sind – auf individueller Ebene kann die Empathie-Fähigkeit aber variieren, unabhängig vom Geschlecht.

Wie kann Empathie als Erfolgsfaktor funktionieren? Reicht Empathie aus oder braucht es noch mehr?
In meiner Studienarbeit habe ich Interviews mit Top-Führungskräften untersucht. Dabei wird immer wieder betont, dass Empathie einen positiven Einfluss auf organisatorische Ergebnisse, den Unternehmenserfolg und die Wertschöpfung für die Gesellschaft, Kund:innen und Mitarbeitende hat. Dabei ist es aber wichtig, dass Empathie mit dem Anspruch verbunden wird, Dinge zu erreichen. Du musst sie mit Verantwortungsbewusstsein, dem Wunsch zu dienen, dem Streben nach Ergebnissen und Begeisterung für Er-

folge paaren. Ich nenne es „effektive Empathie". Wenn jemand mit seinen Problemen zu dir kommt und du dich einfach nur in seinem Leid suhlst und mit ihm mitfühlst, wird nichts passieren. Du möchtest empathisch nach Ergebnissen streben! Du möchtest begeistert und ermächtigend nach Lösungen suchen! Und du musst Verantwortung übernehmen und den Fortschritt verfolgen!

Kann Empathie gelernt werden?
Ja, auf jeden Fall. Meine Recherchen legen nahe, dass es drei Möglichkeiten gibt, Empathie zu erlangen und zu entwickeln: durch persönliche Erfahrungen und Erlebnisse, durch das Lernen von Vorbildern und das Beobachten empathischer Verhaltensweisen von anderen sowie das Erhalten gezielter Schulungen zur Entwicklung von Empathie.

So hat zum Beispiel Satya Nadella erzählt, wie das Verhalten seiner Frau gegenüber ihrem behinderten Sohn ihm geholfen habe, Empathie zu entwickeln und die Perspektive seines Sohnes zu verstehen. Durch diese persönliche Erfahrung, die er gemacht hat, musste er sich mit Empathie auseinandersetzen, diese anwenden lernen und konnte das dann auch auf seine Arbeit und auf seinen Führungsstil übertragen. Schulungen können eine wichtige Rolle dabei spielen, vor allem auch effektive Empathie und andere emotionale Fähigkeiten im Bereich der Führung zu vermitteln.

Empathie und Netzwerken, wie passt das zusammen?
Empathie und Networking gehen Hand in Hand, denn Empathie spielt eine wichtige Rolle beim Aufbau von Beziehungen in beruflichen Netzwerken. Durch aktives Zuhören und Verstehen der Perspektiven anderer kann eine tiefere und vertrauensvollere Verbindung aufgebaut sowie auch gegenseitige Unterstützung gefördert werden. Empathie ermöglicht Kooperation und das gemeinsame Erreichen von Zielen – die sowohl Gewinne und Fortschritte als auch Bedeutung und Verbindung für Individuen bieten.

Gibt es auch eine Kehrseite von Empathie?
Tatsächlich hat es sich gezeigt, dass Empathie ein zweischneidiges Schwert sein kann. Eine Studie von Adam Waytz (2016) zu den Limitationen von Empathie identifizierte drei Probleme, die Unternehmen sogar schaden können:

Gefahr des „exzessiven Mitgefühls": Wenn Empathie übermäßig angewendet wird, besteht die Gefahr, dass andere wichtige Beziehungen und Aufgaben vernachlässigt werden, was zu Konflikten und Beeinträchtigungen der Teamarbeit führen kann.

Erschöpfung der Empathie: Durch kontinuierliche Ausübung von Empathie kann es zu einer Erschöpfung der eigenen Ressourcen kommen, was zu einem Nachlassen der Fähigkeit führt, anderen angemessen zu helfen oder zu unterstützen.

Risiko unethischen Verhaltens: Empathie kann dazu führen, dass Personen unethische Handlungen begehen, wenn sie davon überzeugt sind, dass es anderen zugutekommt, oder wenn sie eine starke emotionale Bindung zu anderen haben.

Es ist wichtig, Empathie bewusst einzusetzen und auch zu hinterfragen.

Was sind deine Top-Tipps für Frauen, um Empathie als Karriere-Booster zu nutzen?
Sieh deine Empathie als Stärke, anstatt dich dem traditionellen Führungsbild anzupassen. Baue starke Beziehungen auf, indem du echtes Interesse an den Bedürfnissen und Perspektiven anderer zeigst. Zeige Empathie in Konfliktsituationen, um sie zu deeskalieren und gemeinsame Lösungen zu finden.

Was kannst du Frauen mitgeben, die sich dem Thema Empathie in der Führung und Karriere nähern wollen?
Achte ganz genau darauf, ob und wie du Empathie einsetzt. Was für positive Veränderung kannst du damit bewirken? Setzt du Empathie effektiv um? Beobachte andere Frauen und Männer in Führungspositionen – was kannst du erkennen und für dich ableiten?

Was kannst du Frauen mitgeben, die sich mit Empathie schwertun? Welche Tipps und Tricks helfen?
Empathie kann man lernen, indem man andere beobachtet. Suche in deinem Arbeitsumfeld jemanden, der empathisch ist, und beobachte, wie er oder sie sich in verschiedenen Situationen verhält. Analysiere das Verhalten der Person und versuche, es immer wieder anzuwenden. Man kann Empathie aktiv einüben. Hilfreich ist auch, sich ganz konkret in den anderen hineinzuversetzen: viele offene Fragen stellen und aktiv zuhören.

Literatur

Simon Baron-Cohen (2003): The essential difference: The truth about the male and femalebrain. New York: Basic Books.

Gary Hamel (2009): Moon Shots for Management. Harvard Business Review 87 (2), S.93: https://shorturl.at/boR07, zuletzt aufgerufen am 9.11.23.

David G. Myers (2002): Social Psychology. New York: McGraw-Hill.

Satya Nadella (2017): Hit refresh: A conversation with Satya Nadella and Walter Isaacson about the quest to. Interviewed by Walter Isaacson: https://www.youtube.com/watch?-v=0eTnds588R0, zuletzt aufgerufen am 9.11.23.

Satya Nadella (2017): Success is not actually built by moving from hit to hit to hit. It‘ the batting average that counts. Interviewed by Megan Murphy: <http://web.a.ebscohost.com/ehost/detail/detail?vid=0&sid=96757860-75c0-48bc-975a-bf4e-00d0a9d9%-40sessionmgr4010&bdata=JnNpdGU9ZWhvc3QtbGl2Q%3d%3d#AN=126905440&db=buh>, zuletzt aufgerufen im März 2018.

John G. Vongas, Raghid Al Hajj (2015): The Evolution of Empathy and Women’s Precarious Leadership Appointments. Frontiers in Psychology: https://www.frontiersin.org/articles/10.3389/fpsyg.2015.01751/full, zuletzt aufgerufen am 9.11.2023.

Adam Waytz (2016): The Limits of Empathy. Harvard Business Review (January–February 2016), S. 68–73: https://hbr.org/2016/01/the-limits-of-empathy, zuletzt aufgerufen am 9.11.2023.

Jeff Wolf (2014): Seven Disciplines of a Leader. New York: John Wiley & Sons: http://ebookcentral.proquest.com/lib/anglia/detail.action?docID=1830135, zuletzt aufgerufen am 6.1.2018.

CHIARA GEIPERT

Consultant Business
Transformation

> Es gibt keine schlechtere Entscheidung als die, keine zu treffen!

LinkedIn

In einer WG mit 80 Männern

WIE ICH ALS FRAU LERNTE, AN EINEM MÄNNERDOMINIERTEN UMFELD ZU WACHSEN

Wie ist es, als einzige Frau in einer WG mit 80 Männern zu leben? Wo lebt man bitte in so einer großen Wohngemeinschaft zusammen und was hat das Thema mit diesem Buch zu tun? Die Fragen darüber, wie ich mich in einer stark männerdominierten Welt behaupten konnte und was ich dabei sowohl für den Beruf als auch fürs Leben gelernt habe, sind der Fokus dieses Kapitels.

> „Wer kämpft, kann verlieren.
> Wer nicht kämpft, hat schon verloren."
>
> Bertolt Brecht

WIE ALLES BEGANN

Auf der Suche nach Herausforderung, neuen Erfahrungen und der Erweiterung meines Horizonts (neben einigen weiteren Gründen) habe ich mich mit Anfang zwanzig dazu entschieden, einen freiwilligen Wehrdienst bei der Bundeswehr abzuleisten. Angesichts einer durchschnittlichen Frauenquote von 13 Prozent ist die Bundeswehr wahrscheinlich nicht einer der ersten Orte, an den man denkt, sollte man nach typischen „Frauenberufen" gefragt werden.

Von den knapp 25.000 Soldatinnen dienen aktuell knapp 5.000 beim Heer und erreichen damit eine Frauenquote von ca. 8 Prozent. In der Jägerkompanie, in der ich meinen Dienst geleistet habe, lag diese Zahl jedoch eher, basierend auf Erfahrungswerten, bei 1-2 Prozent.

So waren wir in meiner Kompanie drei Frauen, wovon eine im Geschäftszimmer, also im Büro, saß und die andere die meiste Zeit in andere Einheiten oder auf Lehrgänge kommandiert war. Dies führte dazu, dass ich im täglichen militärischen Leben stets die einzige Frau war und des Öfteren, vor allem am Anfang, gefragt wurde, was ich hier bitte mache und weshalb ich hier sei.

In der Grundausbildung, zu Beginn meiner Zeit bei der Bundeswehr, fiel mir die männlich geprägte Welt noch nicht übermäßig auf, waren doch die anderen Rekruten ebenfalls alle neu in dieser anderen Umgebung und mental immer noch in der zivilen Welt. Das änderte sich kurz nachdem wir die Belehrung zu sexueller Belästigung erhalten hatten. Dieses Thema wird bei der Bundeswehr sehr ernst genommen, dauerte einen halben Tag und wurde für die männlichen und weiblichen Rekruten getrennt abgehalten. Im Anschluss trauten sich die Männer fast nicht mehr, mit uns zu reden, in der Sorge, etwas falsch zu machen. Dies verflog jedoch schnell wieder, und meine Kameradinnen und ich waren wieder ein fester Bestandteil des Zugs.

IRGENDWAS HIER IST ANDERS

Mein Herausstechen als Frau wurde mir das erste Mal bewusst, als ich in meiner Stammeinheit ankam. Während die anderen – ausschließlich männlichen – Mannschaften mich anfangs nur neugierig anschauten und nicht wussten, wie sie mich einordnen sollen, fielen die Begrüßungen durch die verschiedenen Vorgesetzten in das ein oder andere Extrem.

Einerseits gab es da einen Oberfeldwebel, der mir an meinem ersten Tag unbedingt persönlich die Kaserne zeigen wollte. Andererseits begrüßte mich mein Zugführer, ein Oberleutnant, in seinem Büro mit der Aussage, dass Frauen in der Infanterie nichts verloren hätten und er froh sei, mich schon die nächsten Tage vom Hals zu haben, da alle Soldaten im Rahmen der Einsatzvorbereitung neu auf die Züge verteilt würden.

Nachdem anfängliche Berührungsängste dann überwunden waren, war es für mich leichter, in den persönlichen Kontakt mit den anderen Soldaten auf demselben hierarchischen Level zu kommen, als für die männlichen Soldaten, welche zeitgleich mit mir angefangen hatten. So stach ich von Anfang allein durch mein Geschlecht heraus, und viele andere Soldaten wollten tendenziell gerne Zeit mit mir verbringen bzw. meine Aufmerksamkeit bekommen. Anders als im persönlichen Kontakt verhielt es sich jedoch in fachlichen und militärischen Themen:

Während meiner Zeit bei der Bundeswehr wurde mir ein Muster deutlich, das ich später auch in der zivilen Welt und im beruflichen Umfeld wiedererkannt habe: Die Erwartungen an Männer und Frauen, insbesondere wenn sie von einem männlichen Gegenüber stammen, unterscheiden sich deutlich. Männer geben anderen Männern meistens einen Vertrauensvorschuss und gehen erst einmal davon aus, dass das männliche Gegenüber erfolgreich sein wird. Sollte das männliche Gegenüber scheitern, sorgt dies dann für Aufsehen. Frauen wird hingegen oft zuerst nicht zugetraut, die vorgegebene Aufgabe richtig zu erfüllen. Falls es ihnen dann doch gelingt, wird positiv überrascht reagiert.

Anfangs war ich sehr demoralisiert von dieser Erkenntnis, da mir bewusst wurde, dass viele um mich herum von meinem Scheitern ausgingen. Doch dann spürte ich das Bedürfnis, genau deshalb das Gegenteil zu beweisen, besonders in Bereichen, die stereotypisch als männlich gelten.

KRAFT SCHÖPFEN AUS DEM UNTERSCHÄTZT-WERDEN

So bestand ich schwierige Märsche erfolgreich, insbesondere wenn mir zuvor ein Ausbilder in meiner Nähe gesagt hatte, dass ich hier fehl am Platz sei. Die Anerkennung, die mir dann bei Erfolg entgegengebracht wurde, war oft bedeutend größer als die, die meine männlichen Kameraden erhielten. Schließlich hatte man von ihnen nichts anderes erwartet. Es war für mich eine wichtige Lektion, Kraft zu schöpfen aus der Erkenntnis, dass ich unterschätzt werde. Es war wichtig, mir bewusst zu machen, dass die Anerkennung bei Erfolg oft größer ist. Auch wenn der Weg zum Erfolg oft härter war und ich mich zuerst beweisen musste.

In diesem Zusammenhang habe ich zwei weitere wichtige Erkenntnisse gewonnen: Erstens ist es völlig in Ordnung, sich helfen zu lassen. Bei einem Marsch habe ich mich zum Beispiel geweigert, meinen Rucksack abzugeben, obwohl ich spürte, dass es mir nicht gut ging. Auf vorherigen Märschen hatte ich bereits Ausrüstung von anderen getragen, und einige Jungs hatten bereits ihre Rucksäcke abgegeben. Es wäre also absolut in Ordnung gewesen, auch Hilfe anzunehmen, denn alle wussten, dass man auch mal schlechte Tage hat. Die Hilfe wurde mir zudem nicht nur angeboten, weil ich eine Frau war, sondern genauso meinen männlichen Kameraden, denen es ebenfalls nicht gut ging. Dies habe ich mit meiner, in diesem Moment feministischen, Brille jedoch nicht gesehen. Stattdessen war ich zu stolz, hatte Angst, als schwach zu gelten, und wollte beweisen, dass ich keine Hilfe benötigte. Deshalb kollabierte ich während des Marsches. Das war einerseits gefährlich für mich – und andererseits: Wem war damit geholfen? Niemandem. In darauffolgenden Situationen hat es mir geholfen, mir darüber klar zu werden, ob ich eine gleichberechtigte oder eine gesonderte Behandlung erfahre: Wie verhalten sich die männlichen Kameraden untereinander, und wie unterscheidet sich ihr Verhalten mir gegenüber? Was ist die Absicht hinter dem Angebot von Hilfe? Ist es freundlich gemeint oder geht damit eine Bevormundung beziehungsweise Alleinstellung in der Gruppe einher?

Zweitens wurde mir bewusst, wie unterschiedlich Menschen kommunizieren können. Nach einem der beschriebenen Märsche unterhielt ich mich mit einigen Kameraden, als mir einer von ihnen erzählte, dass er den Zugführer bei einem individuellen Antreten mit drei Kameraden, die den Marsch abgebrochen hatten, gehört hätte. Der Zugführer hatte die drei Abbrecher mit den Worten „Selbst die Frau hat es geschafft, warum ihr nicht?“ gerügt. Der Kamerad erzählte mir das begeistert und hatte diese Aussage als Kompliment für mich aufgefasst, das er mir weitergeben wollte. Doch bei mir kam es nicht so an. Erst als mir bewusst wurde, dass es tatsächlich so gemeint gewesen sein könnte und dass sowohl der Sprecher als auch der Überbringer der Nachricht anders als ich kommunizierten, konnte ich den für mich sehr negativen Unterton ignorieren und das Positive – also die Anerkennung mir gegenüber – in dieser Aussage erkennen.

SEINE STÄRKEN STÄRKEN

Neben der Erkenntnis, dass es in Ordnung ist, um Hilfe zu bitten, wurde mir im Laufe der Zeit auch bewusst, dass man nicht in allem die Beste sein muss. Alle haben unterschiedliche Stärken, und solange man für den Rest der Gruppe kein Ballast ist, ist es vollkommen in Ordnung, in einigen Bereichen nur durchschnittlich zu sein. Bei körperlichen Herausforderungen zum Beispiel war ich nie an der Spitze, sondern immer im soliden Mittelfeld. Dafür war ich jedoch die erste Ansprechpartnerin, wenn es darum ging, Anträge zu schreiben, auf Englisch zu kommunizieren oder gesellschaftliche Abende zu planen. Ich konnte meine Kameraden auch beim Umgang mit Karte und Kompass unterstützen oder ihnen bei Problemen mit kreativen Lösungen unter die

Arme greifen. Außerdem war ich eine bessere Schützin als die meisten. Im Gegenzug wurde mir gerne beim Überqueren von Mauern geholfen oder ich musste nicht die schwerste Waffe tragen.

Durch diese Erfahrungen wurde mir klar, wie wichtig es ist, seine Stärken zu stärken und so einen Mehrwert für das Team zu schaffen. Kein Mensch erwartet, dass man in allen Bereichen perfekt ist. Um sich gegenseitig zu ergänzen, hat man schließlich ein Team mit all seinen Expertinnen und Experten.

Nachdem ich mich einmal bewiesen hatte, wurde ich auch in meiner Stammeinheit ein fester Bestandteil des Zugs und fühlte mich größtenteils wohl. Dennoch hatte ich Bedenken, dass ich durch Herausstechen immer wieder als „anders“ wahrgenommen werden könnte. Als ein bedeutend dienstälterer Soldat begann, mich mit anzüglichen Kommentaren und scheinbar beiläufigen Berührungen zu belästigen, fühlte ich mich unwohl, hatte jedoch Angst, das Verhalten zu melden und dadurch negativ aufzufallen. Ich befürchtete, dass damit das Vorurteil bestätigt würde, dass „Frauen nur Unruhe in die Truppe bringen“. Zu meiner positiven Überraschung kamen jedoch mehrere Kameraden separat auf mich zu und sprachen mich auf die Vorfälle an. Sie hatten das Verhalten ebenfalls bemerkt und fanden es nicht in Ordnung. Sie fragten mich, wie ich mich dabei fühlte, ob ich Unterstützung bräuchte oder ob sie das Verhalten möglicherweise sogar für mich melden sollten. Mit ihrer Hilfe konnte ich das Problem aus der Welt schaffen, und mir wurde klar, wie wichtig es ist, Unterstützende zu finden und ein Netzwerk aufzubauen, insbesondere wenn man auf den ersten Blick nicht eine unter vielen ist. Oft hat man mehr Leute hinter sich, als man denkt. Man muss diese nur finden und den Mut haben, sie darauf anzusprechen.

Dennoch wurde mir im Nachhinein klar, dass ich das Verhalten des dienstälteren Soldaten nicht akzeptabel gefunden hatte. Ich ärgerte mich darüber, dass ich mir meiner persönlichen Grenzen nicht ausreichend bewusst gewesen war oder vielmehr mich nicht getraut hatte, für diese Grenzen einzustehen. In unangenehmen Situationen, die darauf folgten, sei es im Kontext der Bundeswehr oder im zivilen Leben, half mir diese Erkenntnis: Meine eigenen Grenzen sind valide, und es ist einerseits in Ordnung, dafür einzustehen, und zweitens lohnt es sich. Es ist nicht notwendig, bei unangemessenem Verhalten klein beizugeben, aus Angst, negativ aufzufallen. Wenn dieses Verhalten fragwürdig ist, ist es nicht nur dir aufgefallen, und du kannst den Anfang machen, damit sich dieses Verhalten nicht als „normal“ etabliert. Es ist jedoch wichtig, im Voraus abzuwägen, wann es sich lohnt, für sich einzustehen. Für mich ist das der Fall, wenn eine Situation für mich oder andere unangenehm ist oder zuvor festgelegte Grenzen überschritten werden.

Im Rückblick konnte ich während meiner Zeit bei der Bundeswehr vieles lernen, was mir auch heute noch hilft, schwierige Situationen zu meistern oder mich in Situationen, in denen ich mich unwohl fühle, zu behaupten. Ich habe gelernt, durchzuhalten und über mich selbst hinauszuwachsen, auch wenn ich am Anfang unsicher war, ob ich es schaffen kann. Auch meine Durchsetzungsfähigkeit, die stereotypisch männlich konnotiert ist, konnte ich stärken. Dies hat mir geholfen, in einer männlich geprägten Welt zu bestehen. Außerdem habe ich mir ein dickes Fell zugelegt und kann über vieles hinwegsehen, ohne dabei meine klaren Grenzen zu verletzen, die mir bewusst geworden sind. Denn das Wichtigste, was ich gelernt habe: wie notwendig es ist, für sich selbst einzustehen, und dass dies in der Regel mehr Unterstützung mit sich bringt, als man denkt.

UNTERM STRICH HAT ES SICH MEHR ALS GELOHNT

Auch wenn nicht alles immer rosig und reibungslos verlief, habe ich mich bei der Bundeswehr gut aufgehoben gefühlt und mich bewusst dazu entschieden, ihr weiterhin als Reservistin erhalten zu bleiben. Wieso? Einerseits haben diese negativen Erfahrungen nur einen kleinen Teil der Zeit ausgemacht, jedoch zu den größten Lernmomenten gezählt. Dementsprechend sind sie hier auch überproportional dargestellt. Außerdem bietet die Kameradschaft viel Rückhalt und Zugehörigkeit, und sobald man tatsächlich Teil dieser Gruppe geworden ist, entwickeln sich besondere Freundschaften, die im zivilen Leben eher selten sind. Ich hatte zudem viel mit Menschen mit unterschiedlichsten Hintergründen zu tun und mit ihnen zusammengelebt, was mir interessante Perspektiven zu zahlreichen Themen eröffnete.

Letztlich ist es mir mehrmals passiert, dass ich in Uniform in der Bahn oder in der Stadt unterwegs war und ein kleines Mädchen seine Mutter oder seinen Vater fragte, ob auch Frauen zur Armee dürften, da es anscheinend zuvor noch nie eine Frau in grüner Uniform bewusst gesehen hatte. Allein für solche Momente hat sich meine Zeit bei der Bundeswehr gelohnt: Weil ein kleines Mädchen gesehen hat, dass ihr viel mehr Türen offen stehen, als es denkt. Wie kann ich von anderen erwarten, Stereotype zu durchbrechen, wenn ich es selbst nicht tue?

„Wie kann ich von anderen erwarten, Stereotype zu durchbrechen, wenn ich es selbst nicht tue?“

Chiara Geipert

MEIN PERSÖNLICHES FAZIT

1. Akzeptiere, dass du nicht in allen Bereichen immer zu den Besten gehörst. Mache dir DEINE Stärken bewusst und entwickle diese weiter.

2. Nimm Hilfe an. Dies ist kein Zeichen von Schwäche, und das Angebot ist in den meisten Fällen nicht abwertend gemeint.

3. Sei dir deiner eigenen Grenzen bewusst und stehe für diese ein. Schrecke nicht davor zurück, dich für dich selbst stark zu machen, aus Angst, anzuecken.

4. Suche dir Verbündete, die dich in schwierigen Momenten unterstützen und hinter dir stehen.

5. Berücksichtige die Kommunikationsart deiner Gegenüber. Unterschiedliche Kommunikationsstile können zu Missverständnissen führen, daher ist es wichtig, sich dessen bewusst zu machen und damit auseinanderzusetzten.

6. Ziehe Kraft daraus, dass du unterschätzt wirst. Dies kann einerseits als Motivation dienen, das Gegenteil zu beweisen, und andererseits deine Gegenüber außerordentlich überraschen.

7. Nimm Herausforderungen an und weiche unangenehmen Situationen nicht aus. Sieh sie als Chance für persönliches Wachstum und Weiterentwicklung.

8. Geh Risiken ein. Sonst bleiben dir viele sehr interessante Bereiche verschlossen, und dir entgehen wertvolle Chancen, sowohl für deine persönliche Entwicklung als auch deine Karriere.

AUFGABE ZUM WEITERARBEITEN

Erstelle eine Liste deiner besonderen Fähigkeiten und Stärken. Wenn du unsicher bist und das Gefühl hast, dass alle anderen besser sind als du, nutze diese Liste als Erinnerung und konzentriere dich darauf, mit deinen Stärken einen Mehrwert für dein Team zu schaffen. Nutze die Liste als Leitfaden, um dein Selbstvertrauen zu stärken und dich auf das Positive zu fokussieren.

„Sei neugierig, mutig und trau dich, neue Herausforderungen anzunehmen, auch wenn du im ersten Moment denkst, diesen nicht gewachsen zu sein.
Du entwickelst dich mit deinen Aufgaben kontinuierlich weiter und lernst, schwierige Situationen zu bewältigen“

FANNY MÜRKE

Personalleiterin, Alterric Deutschland GmbH

„Die Karriereentwicklung
von Frauen ist nicht
nur eine Frage von der
Gleichberechtigung,
sondern auch eine Be-
reicherung für die Vielfalt
und den Fortschritt
in jeder Organisation."

MICHELLE JAGGASSAR-KOLIP

Top-Management Führungskraft im Bankenbereich

VANESSA FORST

Senior Consultant
Human Resources Management

> Konzentriere dich auf dich und deinen Weg. Vergleiche dich dabei nicht mit Anderen. Alle beschreiten einen ganz individuellen Weg im unterschiedlichen Tempo.

LinkedIn

Lebenslanges Lernen, ein Dauerbrenner

IN KLEINEN SCHRITTEN MOTIVIERT UND KONTINUIERLICH LERNEN

Ein langer Arbeitstag neigt sich dem Ende zu und der Feierabend wird eingeläutet. Ich packe meine Sachen zusammen und lasse meine Gedanken zu meinen abendlichen Plänen schweifen. Ich überlege, noch etwas für mich selbst zu tun. Obwohl, nein, der Tag war schon wieder sehr fordernd. Lieber morgen. Gab es da nicht dieses Buch, das ich schon lange lesen wollte? Hatte ich mir nicht zum Ziel gesetzt, in der nächsten Zeit eine neue Sprache zu lernen? Sei es für einen der kommenden Urlaube oder den

Alltag? Und wenn wir schon einmal ehrlich sind, gibt es da eigentlich noch diese kleine Liste, dessen Widmung das Ziel hat, an der eigenen Entwicklung zu arbeiten. Aber nach einem sehr auslastenden Arbeitstag noch etwas für sich tun? Für die eigene Weiterbildung?

Das Dilemma ist eigentlich oftmals das Gleiche: Morgens ist zu wenig Zeit und abends die Luft raus. Von meinen Kolleg:innen bekomme ich häufig gesagt: „Wie bewundernswert, dass du die Motivation hast, deiner Weiterbildung in deiner Freizeit nachzugehen, und das nach einem anspruchsvollen Arbeitstag."

Ich hatte dies bis dato nicht als „besonders" wahrgenommen. Die Tage in einer Managementberatung sind tatsächlich häufig fordernd und intensiv. Der Großteil der Arbeit findet „im Kopf" statt, weil wir Konzepte und Lösungsmodelle entwickeln und zeitgleich sicherstellen, dass die Projektmeilensteine und -ziele erreicht werden. Danach, so könnte man annehmen, brauche der Kopf erst mal Ruhe. Nichtsdestotrotz nehme ich mir gerne aktiv Zeit für mich und meine Weiterbildung – und das nicht nur während meiner Arbeitszeit, sondern vor allem nach dem Feierabend und in meiner Freizeit. Ich habe mich schon immer gerne damit beschäftigt, wie ich mich in kleinen Schritten und vor allem stetig weiterbilden und -entwickeln kann.

Es mag sein, dass diese „alte Disziplin" noch aus meiner Zeit des dualen Studiums kommt. Ich habe meinen Master dual mit und bei meinem heutigen Unternehmen abgeschlossen. Nach der Arbeit noch Vorlesungen anzuhören, an Seminararbeiten zu schreiben oder für die nächste Prüfung zu lernen, war für zweieinhalb Jahre mein tägliches Brot. Diese Disziplin lässt mich heute noch meine eigenen Weiterbildungsziele aktiv priorisieren. Energie hierfür nehme ich mir gerne, weil ich weiß, dass es mich bereichert. Gerne möchte ich in diesem Kapitel Gedankenanstöße mitgeben und dich dafür begeistern, den Dingen nachzugehen, die dich erfüllen, inspirieren und wichtig für dich selbst sind.

LEARN HOW TO LEARN

Ich beschäftige mich seit einem Jahr gezielt mit dem Thema „Learn how to learn". Warum? Weil ich das Thema spannend finde! Der Auslöser für mich war ein LinkedIn-Posting von Jim Kwik, in dem er aufzeigt, dass nur ein Drittel der menschlichen Gehirnleistungsfähigkeit genetisch vorgegeben ist. Ganze zwei Drittel liegen in unserer Hand. Das liegt vor allem an der Neuroplastizität, die unser Gehirn wie jeden anderen Muskel trainier- und formbar macht. Demnach kann das Gehirn entsprechend trainiert werden, und wir können aktiv etwas zu unserer eigenen Gehirnperformance beitragen. Die Performance unseres Gedächtnisses und unseres Denkvermögens – allumfassend unseres Gehirns – ist wichtig für uns. Das gilt nicht nur für ein bestimmtes Alter. Aus dem Jahr 2008 stammt ein sehr interessanter Artikel zum Thema Neuroplastizität in der „Frankfurter Allgemeinen Zeitung" mit dem Titel „Lebenslanges Lernen ist wie eine Muskelübung". Hier wird beschrieben, dass unser Gehirn ein Leben lang aufnahmefähig ist und durch Übungen auch im Alter flexibler bleiben kann im Vergleich zu Gehirnen von Personen, die diese Funktion ungeübt lassen.[3]

Jim Kwik zeigt in seinem Buch „Limitless"[4] auf, dass alle in der Lage sind, die Leistungsfähigkeit ihres Gehirns zu optimieren und damit ihre kognitiven Fähigkeiten zu verbessern. In seiner Argumentation führt er auf, dass es keine Grenzen für mentales Potenzial gibt. Auch Dr. Daniel G. Amen betont in seinem Werk „Use Your Brain to Change Your Age"[5] die Gesundheit des Gehirns und zeigt gezielte Maßnahmen für dessen mentale Stimulation auf. Amen argumentiert weiterhin: Die kognitiven Funktionen zu verbessern, soll zudem dazu führen, das Risiko von altersbeding-

[3] https://www.faz.net/aktuell/feuilleton/f-a-z-serie-gehirntraining-lebenslanges-lernen-ist-wie-eine-muskeluebung-1512195.html, zuletzt aufgerufen am 5.9.2023.

[4] Jim Kwik (2021): Limitless: Wie du schneller lernst und dein Potenzial befreist. München: Next Level Verlag.

[5] Daniel G. Amen (2013): Use Your Brain to Change your Age: Secrets to Look, Feel, and Think Younger Every Day. New York: Harmony.

ten Erkrankungen wie Alzheimer und Demenz zu reduzieren. Somit wirkt die Weiterbildung auf unsere langjährige geistige Flexibilität und die eigene Gesundheit ein. Wenn das nicht schon zwei gute Gründe sind, um die eigene Motivation zu fördern.

Übereinstimmend habe ich einen positiven Effekt bei mir selbst festgestellt, wenn ich mir genug Zeit für mich und meine Weiterbildungsziele nehme. Ich tanke Energie, indem ich aktiv mein Wissen vermehre und meine Interessen verfolge. In den kleinen Zeiteinheiten kann ich mich erholen und durch die persönliche Weiterentwicklung stärken.

Weiterbildung trägt dazu bei, dass man über seine persönlichen und beruflichen Stärken hinauswächst und auch in den eigenen Entwicklungsfeldern Kompetenzen stärkt. Durch das Lernen neuer Fähigkeiten werden Kenntnisse vertieft und Wissen aktualisiert, was dazu beitragen kann, dass man im Beruf erfolgreicher ist. Die Entdeckung neuer Interessen und das Kennenlernen des eigenen Selbst geben nicht nur Entfaltungsspielraum, sondern können mit besseren Karrieremöglichkeiten einhergehen. Es wird sogar behauptet, dass der Fokus auf die Weiterbildung der eigenen Kompetenzen dabei hilft, ein erfülltes und erfolgreiches Leben zu führen. Wissenschaftliche Literatur und Praxisliteratur argumentieren nicht ohne Grund für das lebenslange Lernen.

SICH ZEIT NEHMEN FÜR WEITERBILDUNGEN

Auch mir fällt es nicht immer leicht, neben einem anspruchsvollen Arbeitsalltag den persönlichen Interessen nachzukommen. Selbst die aktive Pflege von Hobbys oder anderen Freizeitplänen kann manchmal herausfordernd sein. Die Vorstellung, die wenige verfügbare Zeit noch für die eigene Weiterbildung aufzubringen, ist für manche Personen ungewohnt. Durch die vermeintlich fehlende Vereinbarkeit dieser Aktivitäten mit dem bereits vollen Terminkalender ist zusätzliches Lernen sogar oftmals unvorstellbar. Wie kann ich mich also für meine persönlichen Interessen motivieren und mir aktiv Zeit dafür nehmen?

„Eine Investition in Wissen bringt noch immer die besten Zinsen."

Benjamin Franklin

Ein Schlüssel zur Sicherstellung von „Sich Zeit nehmen für Weiterbildungen" ist es, in kleinen Schritten an das Ziel heranzugehen. Viele Menschen neigen dazu, sich zu hohe und unrealistische Ziele zu setzen. Das liest du bestimmt nicht zum ersten Mal. Aber es steckt viel Wahrheit darin, sich kleine Ziele zu setzen oder sich einem größeren Ziel in kleinen Etappen zu nähern. Hinzu kommt der Aspekt der Regelmäßigkeit. Dass etwas zur Routine wird, ist im Sprachgebrauch manchmal negativ konnotiert. Doch in Bezug auf Lernen ist es etwas Positives. Wegweisend ist, dass etwas regelmäßig gemacht wird, damit es sich festigt. Das hat mir vor allem beim Lernen einer neuen Sprache (in meinem Fall Japanisch) sehr geholfen. Der wichtigste Ratschlag hierbei ist, dass Regelmäßigkeit nicht bedeutet, etwas immer in der gleichen Intensität durchzuführen. Nehmen wir das Lesen von Büchern als Beispiel: Regelmäßigkeit muss nicht bedeuten, jeden Tag eine feste Anzahl an Seiten zu lesen. Allein jeden oder jeden zweiten Tag zu lesen – unabhängig von der Anzahl der Seiten – führt dazu, die Routine zu verinnerlichen und das Gelesene im Langzeitgedächtnis zu verankern.

„Der größte Feind des Fortschritts ist nicht der Irrtum, sondern die Trägheit."

Henry Thomas

DAS GEHEIMNIS DES DRANBLEIBENS

Dranbleiben ist wichtig. Das bemerke ich immer wieder. Wie stelle ich das Ganze sicher? Durch geplante Lerneinheiten zu bestimmten Zeiten als fester Bestandteil meines Tages und der Nutzung entsprechender Tools.

Folgend habe ich meine Tipps für dich einmal aufgeführt:

1. Finde heraus, welcher **Lerntyp** du bist, und nutze es für dich (zum Beispiel visuell oder auditiv).
2. Definiere für dich die **Tageszeit**, in der du am besten deinen Interessen nachgehen kannst. (Unter uns gibt es Lerchen, die früh am Morgen ihre Zeit haben, und Eulen, die es lieben, nachts zu arbeiten.)
3. **Nutze Tools**, die dir bei der Realisierung helfen:
   - Du bist abends zu müde, um ein Buch zu lesen? Höre es stattdessen als Hörbuch.
   - Nutze verschiedene Medien zur Weiterbildung
     - Podcasts
     - Videos (Lerninhalte werden oft besonders gut über Videos vermittelt)
     - Vorschlag: Nutze Apps für kleine, über den Tag verteilte Impulse. Wenn du zum Beispiel flexibel eine neue Sprache lernen möchtest: Nutze eine Sprach-App. Das Handy hat man immer dabei (meine persönliche Empfehlung für das Lernen neuer Sprachen: „Duo Lingo“).
4. Setzte dir **kleine und erreichbare Ziele** (zum Beispiel alle zwei Monate ein Buch lesen, einmal im Jahr Bildungsurlaub einlegen, einmal in der Woche 30 Minuten Meditieren).
5. Etabliere **persönliche Routinen** und halte diese durch. Das kann erleichtert werden durch:
   - Kalendereinträge: Termine für die Aktivitäten im Kalender eintragen (gerne auch im Arbeitskalender)
   - Aktiv geplanten und eingehaltenen Tagesablauf
6. Schreibe dir **Lernpläne** mit kleinen umsetzbaren Lernpaketen.
7. Achte auf dein **(positives) Mindset**. Oftmals fällt es uns leichter, uns für etwas zu motivieren, wenn es uns Spaß macht oder wir den übergeordneten Nutzten für uns sehen.

8. Tausche dich **mit anderen** zu den Themen aus, damit sich das Wissen festigt. Dies muss nicht innerhalb von Lerngruppen erfolgen. Einer Arbeitskollegin vom Gelernten zu erzählen, geht genauso gut.

TRICKS, DIE MIR HELFEN

Routinen einzuhalten kann es uns erleichtern, unseren Lernzielen nachzugehen. Wichtig ist jedoch hierbei, dass es nicht zur Verpflichtung und somit konsequenterweise zur Last wird. Sobald dies passiert, sinkt die Motivation. Daher noch ein weiterer hilfreicher Tipp: Pausen machen oder den Umfang reduzieren, wenn es als Last empfunden werden sollte. Damit stellst du sicher, dass du immer genug Motivation hast. Ein weiterer hilfreicher Aspekt für genug Motivation sind Belohnungen. Knüpfe deine Aktivitäten an Belohnungen, um dich weiterhin zu motivieren und dranzubleiben. Du hast eine neue Sprache gelernt und möchtest sie ausprobieren? Dann belohne dich doch mit einem Urlaub oder einer Studienreise in das entsprechende Land.

Warum die Priorisierung deiner Interessen und deiner Weiterbildung dich persönlich bereichert und dir nutzt? Das ist für alle individuell und nicht immer wissenschaftlich greifbar. Unten aufgeführt sind ein paar Punkte, die allgemein bekannt sind:

1. Du fokussierst dich auf dich und deine eigenen Fähigkeiten.
2. Die „Ich-Zeit“ ist ein wichtiger Bestandteil deiner Selbstfürsorge.
3. Du lässt Selbstreflexion zu und förderst deine eigenen Stärken.
4. Du kannst kreativer, innovativer und lösungsorientierter werden.[6]
5. Du schätzt dich und deine Fähigkeiten mehr wert.
6. Du stärkst dein Selbstbewusstsein durch alle neuen Dinge, die du gelernt hast und beherrschst.

[6] Inspiriert von: https://www.careelite.de/me-time-vorteile-zeit-selbst-gruende/#kreativer, zuletzt aufgerufen am 5.9.2023.

9 Wege zu lernen

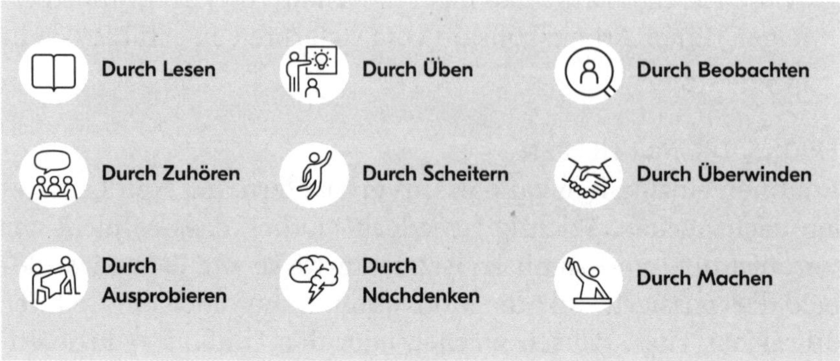

Inspiriert von https://karrierebibel.de/lerntipps/

Wie ihr in der Abbildung oben sehen könnt, kann auf verschiedenen Wegen gelernt werden. Weiterbildung bedeutet nicht in jedem Fall, seine Nase in ein Fachbuch zu stecken. Geht an das Thema kreativ heran und nutzt hierfür euer Netzwerk (Familien-, Kolleg:innen- oder Freundeskreis), um euch auszutauschen. Probiert euch aus, beobachtet hierbei, welche Herangehensweise euch zu eurem Ziel führt, und habt keine Angst, das Gelernte dann auch anzuwenden. Ich hoffe, du bist inspiriert und fängst in kleinen Schritten an, dir aktiv Zeit für deine Weiterbildung zu nehmen und deinen eigenen Bildungsweg zu priorisieren.

Viel Spaß beim Durchstarten!

FATIMA GIULIANO-ARNAOUT
Senior Consultant
Digital Business Innovation

> Auf Veränderung zu hoffen, ohne selbst etwas zu tun, ist wie am Bahnhof zu stehen und auf ein Schiff zu warten.
> *(Albert Einstein)*

LinkedIn

Erweitere deinen Horizont

MÖGLICHKEITEN DAZU GIBT ES ÜBERALL

Selbst ist die Frau – und das vor allem außerhalb der eigenen Komfortzone. Für mich bedeutet dies, an einen Punkt zu kommen, an dem ich neue Dinge wirklich lerne (und nicht nur für kurze Zeit abspeichere). Nebenbei stärke ich dabei mein Selbstbewusstsein und gewinne Mut, neue Wege zu gehen.

Ich möchte dich dazu aufrufen, auch außerhalb deines Arbeitsalltags nach Gelegenheiten zu suchen, deine Fähigkeiten anzuwenden und zu erweitern. Und dass nicht dadurch, dass du eine Weiterbildung machst und Lektüre verschlingst. Ich möchte dazu aufrufen, Dinge einfach mal selbst zu machen und dich auszuprobieren.

In meinem Job als Beraterin für digitale Business Innovation arbeite ich mich ständig in neue Themen ein. Als ich gestartet bin, ging es um agile Methoden. Digitale Geschäftsmodelle leben davon, nutzerzentriert zu sein und den Nerv der Zeit zu treffen. Aber was ist agil und wie und wann wendet man agile Methoden an?

Um dieses Wissen aufzubauen, habe ich gemacht, was ich immer tue: Ich habe gelernt, Weiterbildungen absolviert, gelesen und gelesen und so viel in meinem Kopf angehäuft, dass es manchmal weh tat. Weh tat vor allem der Fakt, dass ich vieles nach kurzer Zeit wieder vergessen habe. Mein ursprünglicher Plan, mit Ergebnissen auf neuem Terrain zu glänzen, ging oft nicht auf. Das war frustrierend und demotivierend. Die Frage nach dem Warum hat mich wieder an den Punkt gebracht, an den ich immer gelange, wenn mir etwas gelingt und ich auf Wolken schwebe: Ich habe es selbst gemacht und geschafft.

Unsere Kund:innen beauftragen uns, um die PS auf die Straße zu bringen – nicht, um mit ihnen zu experimentieren (nicht viele jedenfalls). Ich habe also, seit ich als Beraterin arbeite, von meinen Kolleg:innen viel über effiziente Steuerung von Projekten gelernt, über Problemanalyse (Was ist die Ursache und was nur das Symptom?), über zielgruppengerechte Ansprache, richtige Auswahl und Nutzung von Tools und vieles mehr. Das ist alles hängen geblieben, weil es das Handwerkszeug eines Beraters und einer Beraterin ist. Super, steile Lernkurve – was will ich mehr? Und zu agilen Methoden? Auch darüber habe ich gelernt – aber es war immer jemand dabei, der den Plan hatte, und ich habe zugearbeitet, Teile übernommen, die ich selbst in Workshops gelernt habe und mir beigebracht wurden. So wirklich fest im Sattel habe ich mich nicht gefühlt, denn ich dachte: Ich kann doch nur ein bisschen, und wenn's darauf ankommt, brauche ich mehr Wissen.

Daher ist die Entscheidung, die ich im Frühjahr 2022 getroffen habe, so gut für mich gewesen: Als eine Expertin für Digitalisierung und agiles Arbeiten für die Verwaltung in Deutschland gesucht wurde, habe ich mich beworben. Ich wollte diese Chance ergreifen, allein, ohne meine Kolleg:innen, ich wollte in einem Fellowship (siehe Info-Box) ein agiles Projekt mit Digitalisierungsbezug alleinverantwortlich durchzuführen.

Raus aus der Komfortzone und Mut zur Lücke. Es gab wenige Ausweichmöglichkeiten – ich war als Expertin für ein Thema gesetzt. Und so kam ich zum Selbstmachen!

WORK4GERMANY ist ein Fellowship-Programm, das seit 2020 methodenstarke Transformations-Expert:innen aus der Privatwirtschaft mit Mitarbeitenden der Bundesministerien zusammenbringt. Während des sechsmonatigen Fellowships arbeiten die Teams gemeinsam an bereichsübergreifenden Herausforderungen, gestalten Arbeitsabläufe neu und setzen einen Fokus auf iterative und nutzerzentrierte Arbeitsweisen.

Das Projekt war auf meine Fähigkeiten und meine Interessen zugeschnitten und passte in der Theorie super zu mir. Es zeigte sich, dass es auch in der Praxis sehr gut zu mir passte. Denn dadurch, dass ich alles, was ich als Beraterin gelernt habe, in einem völlig neuen Terrain einsetzen konnte, hat mein Gehirn begriffen, dass ich mein Know-how nicht nur in der Theorie beherrsche und als Teammitglied super bin. Ich kann es auch, wenn ich auf mich allein gestellt bin. Eine tolle Erfahrung!

Das Sahnehäubchen war: Ich habe so viel Neues zusätzlich gelernt. Innerhalb von sechs Monaten habe ich unglaublich viele Impulse bekommen, die ich sofort anwenden konnte. Durch meine Fellow-Kolleg:innen konnte ich eine völlig andere Art erlernen, mein bereits vorhandenes Wissen über agile Methoden in der Praxis erfolgreich einzusetzen. Die Fellow-Community teilte so viel Wissen, so viel Tatkraft und so viel Anerkennung für die/den Einzelne:n. Dieses Umfeld setzte enorm viel Energie bei mir frei.

Hätte ich das auch auf Beratungsprojekten geschafft?

Nein, vermutlich nicht so, wie es in der Fellowship passiert ist. Ich habe nicht nur mein Selbstbewusstsein gestärkt, nicht nur Gelerntes vertieft, nicht nur neue Dinge gelernt, sondern habe alles miteinander kombinieren können und eine völlig neue und persönliche Herangehensweise zu beraten entwickelt.

Meine persönlichen Learnings hieraus sind:
- Die Kombination aus „Raus aus der Komfortzone“ und „Selbstmachen“ ist die beste Art, schnell Neues zu lernen und zu behalten.
- Allein auf sich gestellt zu sein ist kein angenehmes Gefühl, aber stärkt das Selbstbewusstsein und hilft, seinen eigenen Stil zu finden.
- Zusammen ist man weniger allein.
- Neues Wissen, das ich innerhalb meines Arbeitsalltags von Kolleg:innen bekomme, ist sehr wertvoll, um Dinge schneller, effizienter und besser zu machen.
- Neues Wissen, das ich außerhalb meines Arbeitsalltags von anderen Berufsgruppen, Industrien etc. bekomme, löst mehr völlig neue Ideen, Vorgehensweisen und Ergebnisse aus.

Ich kann dir wärmstens ans Herz legen, auch außerhalb von deinem Unternehmen aktiv zu werden. Sei es im Ehrenamt, sei es in einer parallelen Selbstständigkeit oder durch eine Art Projekt, wie es bei mir bei der Fellowship war. Wenn du Banker:in, Vertriebler:in, Projektmanager:in, Steuerberater:in oder Fachangestellte:r bist – suche dir eine Option, die du vielleicht ein paar Stunden pro Woche unterstützt. Gerade bei Vereinen kannst du mit deiner Expertise einen enormen Mehrwert schaffen, zum Beispiel, wenn du einen Projektplan aufsetzt, einen Antrag zur Beschaffung von öffentlichen Geldern erstellst oder die Steuererklärung machst.

Dein Nutzen? Du festigst deine Fähigkeiten, kannst dich in einem fremden Kontext ausprobieren und erhältst neue Impulse. Zudem kannst du neue Kontakte aufbauen und neues Wissen erlangen, das du direkt anwenden kannst – und deshalb wahrscheinlich nie mehr vergisst. Los geht’s und hab Spaß!

KIA LINDROOS
Senior Expert Online Marketing
und
CHIARA WEIS
Junior Expert Marketing | Social Media

LinkedIn

LinkedIn

Mit dem richtigen Willen ist alles möglich, unabhängig von deiner Vergangenheit oder deinem Background – glaube an dein Potenzial.

Gekonnte Selbstvermarktung

WIE FÖRDERE ICH MEINE KARRIERE ÜBER SOCIAL MEDIA?

Die sozialen Medien bieten mit ihrer großen Reichweite und Zugänglichkeit eine neue Möglichkeit, unsere Karriere zu fördern, indem wir unsere Fähigkeiten, Fachkenntnisse und Leistungen einem viel größeren Publikum präsentieren können.

Wir, Kia Lindroos und Chiara Weis, führen die Social-Media-Kanäle der 4C und kennen das Potenzial dieser Plattformen. Gemeinsam verfügen wir über langjährige Erfahrung im Aufbau einer Community und in der Steigerung einer Markenbekanntheit durch die sozialen Medien. Umso mehr freut es uns, unsere Kenntnisse und Erfahrungen mit dir zu teilen.[7]

Dieses Kapitel haben wir mit besonderer Leidenschaft geschrieben, weil viele Personen und vor allem Frauen sich oft nicht trauen, für sich selbst zu werben – aus Angst vor Urteilen oder wegen Selbstzweifeln. Aber wir sind davon überzeugt, dass das Selbstvertrauen steigt, sobald der erste Schritt gewagt ist und die Vorteile der Präsenz in den sozialen Medien erkannt sind.

In diesem Kapitel möchten wir dir praktische Tools und Tipps für einen starken Online-Auftritt an die Hand geben, die deine Karriere vorantreiben können. Wir möchten dich inspirieren, mutig und kreativ zu sein.

> „Your brand is what other people say about you when you're not in the room."
>
> **Jeff Bezos**

RICHTIGES PERSONAL BRANDING: WIE PRÄSENTIERE ICH MICH ONLINE UND BLEIBE DABEI PROFESSIONELL?

Wenn du planst, deine Karriere durch die sozialen Medien zu fördern, brauchst du eine Vorstellung davon, wie du dich selbst darstellen möchtest. Was ist Personal Branding und warum ist es so wichtig? Personal Branding ist das Image, das du online für dich schaffst. Es ist eine Kombination aus deinen persönlichen Werten, deinem Fachwissen und deinen Interessen. Durch den richtigen Aufbau deiner Personal Brand kannst du beeinflussen, wie du von anderen wahrgenommen wirst. Außerdem kannst du dich so nach außen als Expertin in deiner Branche etablieren. Sichtbarkeit und Anerkennung sind weitere Vorteile, die du durch deine Personal Brand erreichen kannst.

[7] Hinweis: Und weil wir es lieben, neue Technologien auszuprobieren, haben wir Elemente dieses Kapitels teilweise mit Unterstützung künstlicher Intelligenz verfeinert.

Sicherlich kennst du folgende Situation: Du möchtest etwas online teilen, hast es aber nicht getan, weil du dir Sorgen darüber gemacht hast, was andere dann über dich denken? Wenn es darum geht, persönliche Gedanken, Meinungen und Erfahrungen online zu teilen, sind wir oft verunsichert und zögerlich. Eine kontinuierliche Auseinandersetzung mit deiner Personal Brand hilft dir dabei, dich authentisch zu präsentieren. Du wirst merken, dass du dich im Umgang mit den sozialen Medien immer wohler und selbstbewusster fühlen wirst.

Vier Tipps für die Entwicklung deiner Personal Brand

Definiere deine..

1 ... Leidenschaften & Interessen

- Welche Aktivitäten und Themen begeistern dich wirklich?
- In welche Bereiche möchtest du konsequent deine Zeit und Energie investieren?

2 ... Stärken & Talente

- Hast du bestimmte Talente und Fähigkeiten oder bist du Expertin in einem bestimmten Bereich?
- Was unterscheidet dich von anderen in deiner Branche oder deinem Bereich?

3 ... Werte

- Wie definierst du deine persönlichen Werte und Prinzipien?
- Welchen Themen liegen dir besonders am Herzen?

4 ... Eigenschaften

- Wie möchtest du von anderen wahrgenommen werden und in Erinnerung bleiben?
- Mit welchen Eigenschaften möchtest du in Verbindung gebracht werden?

Wo und wie kannst du anfangen, wenn du eine Personal Brand aufbauen und definieren möchtest? In der Abbildung auf Seite 85 hilft dir, zu starten. Du findest dort Fragen, die du für dich selbst beantworten kannst. Am besten verwendest du hier ein Format, das du jederzeit anpassen kannst – es muss nichts für immer festgelegt werden. Deine Personal Brand ist dein Kompass für all deine Aktivitäten auf den Social-Media-Plattformen, welche deine Werte, Kompetenzen, Leidenschaften, Interessen und Identität widerspiegeln sollten.

Unser Tipp: Schau dir hierzu gerne das Kapitel „Wie soll meine persönliche Karriere aussehen?“ an. Es beinhaltet, wie du deinen Unique Selling Point entwickeln kannst. Sicherlich findest du auch hier einige Hinweise, die dir bei der Entwicklung deiner Personal Brand helfen können.

WIE WÄHLE ICH DIE RICHTIGE(N) PLATTFORM(EN) FÜR DEN AUFBAU MEINER PERSONAL BRAND?

Wenn es darum geht, eine Personal Brand aufzubauen, kann die Vielzahl der Social-Media-Plattformen sowohl ein Segen als auch ein Fluch sein. Man fühlt sich schnell überfordert und hat das Gefühl, auf jeder Plattform präsent sein zu müssen. Wichtig ist jedoch, dass du deine Ziele als Entscheidungsgrundlage für die Wahl nimmst. Beispielweise ist LinkedIn eine beliebte Plattform im beruflichen Kontext. Dort sind vermehrt Führungskräfte und Professionals aktiv. Wenn du in einem Unternehmen arbeitest, bei dem die Entscheidungsträger:innen größtenteils Millennials sind oder der Gen Z angehören, kann TikTok ein relevantes Netzwerk sein. Unsere Empfehlung: Starte erst einmal mit nur einer Plattform, auf der du zunächst dein Branding etablierst, bevor du auf weiteren aktiv wirst.

In der Abbildung auf den Seiten 88 und 89 findest du die derzeit wichtigsten Social-Media-Plattformen. Anhand der aufgelisteten Stärken und Schwächen kannst du entscheiden, welche davon zu deinen Zielen am besten passt.

Nachdem du nun entschieden hast, welche Plattform am besten für dich und deine Ziele geeignet ist, musst du im nächsten Schritt zielgruppenrelevanten Content erstellen und posten.

AUSSAGEKRÄFTIGE INHALTE: WIE ERSTELLE UND PLANE ICH DEN RICHTIGEN CONTENT, UM MEINE KARRIERE ZU FÖRDERN?

Um in den sozialen Medien wahrgenommen zu werden, musst du Inhalte teilen, die interessant für deine Zielgruppe sind. Es ist wichtig, dass du für dich herausfindest, welche Art von Content du gerne erstellst und wann und wo du ihn am besten platzierst, um die maximale Reichweite zu erzielen. Nimm dir also etwas Zeit für die Planung und Erstellung deiner Inhalte, denn nur dann kannst du sicherstellen, dass du konsistent und „markenkonform“ Content erstellst. Spontane Selfies sind oft die authentischsten und reichweitenstärksten Beiträge – lasse dir daher auch Raum für Spontanität. Anfangs gilt: Teile lieber mehr als zu wenig. Mit der Zeit wirst du herausfinden, welche Art von Content am besten zu dir passt. Trau dich und lerne aus deinen Erfahrungen.

> „Die zwei wichtigsten Faktoren, wenn es um Inhalte geht,
> sind Mehrwert bieten und konsequent posten.
> Wer diese beiden Grundregeln befolgt,
> sieht in der Regel eher früher als später Ergebnisse.“
>
> **Mimi Ikonn**

Kommt dir eine der folgenden Fragen oder Aussagen bekannt vor:
- Welches Format sollte ich am besten für meine Inhalte verwenden?
- Ist es besser, ein Video zu posten, oder sollte ich doch bei Bildern bleiben?
- Ich bin mir nicht sicher, wie ich interessante Inhalte erstellen kann.
- Ich habe nicht viel Zeit, um Content zu erstellen.
- Ich sehe mich nicht gerne selbst in den sozialen Medien.

Social Media Kanäle im Überblick

	STÄRKEN	SCHWÄCHEN
LINKEDIN	· Professionelle Networking-Plattform · Ideal für den Aufbau von Kontakten und die Platzierung von Fachwissen · B2B-Interaktionen und Jobangebote	· Begrenzte organische Reichweite für Einzelpersonen · Weniger visuell orientiert im Vergleich zu anderen Plattformen · Weniger geeignet für B2C und „legeren" Content
INSTAGRAM	· Sehr visuelle Plattform zum Teilen von Fotos und Videos · Ideal für Lifestyle, Mode, Reisen und kreative Branchen · Durch Hashtags und die Explore-Seite erhöhte Reichweite	· Organische Reichweite wird durch den Algorithmus beeinträchtigt · Content muss optisch ansprechend und qualitativ hochwertig sein · Begrenzte Link-Sharing-Optionen außerhalb der Bio
FACEBOOK	· Nutzer- und reichweitenstärkster Kanal · Viele Content-Formate (Text, Bilder, Veranstaltungen, Videos) · Möglichkeit in verschiedenen Gruppen zu interagieren	· Organische Reichweite hat im Laufe der Zeit abgenommen · Algorithmus kann die Sichtbarkeit beeinträchtigen · Strategische Content-Promotion und Engagement sind wichtig für die Sichtbarkeit
TIKTOK	· Sehr ansprechende und virale Plattform · Ideal für kurzen, kreativen und unterhaltsamen Content · Möglichkeit für schnelles Wachstum und eine hohe Publikumsreichweite	· Contenterstellung kann sehr zeitaufwendig sein · Weniger geeignet für langen oder ausführlichen Content · Überwiegend jüngere Zielgruppe

	WÄHLEN, WENN...	NICHT WÄHLEN, WENN...
LINKEDIN	· du den Aufbau einer professionellen Markenpräsenz anstrebst · dein Content sich an eine bestimmte Branche richtet · du neue Kontakte aus deiner Branche knüpfen möchtest	· du visuellen Content und Storytelling bevorzugst · deine Zielgruppe eher jünger ist · dein Content zwanglos und verbraucherorientiert ist
INSTAGRAM	· du visuell ansprechenden Content teilen möchtest · du ein jüngeres Publikum ansprechen möchtest · dein Fokus auf Lifestyle, Mode und Kreativität liegt	· du textbasierten oder professionellen Content bevorzugst · dein Publikum auf geschäftliche oder branchenspezifische Themen ausgerichtet ist · du nur wenig visuellen Content hast
FACEBOOK	· du ein breites und vielfältiges Publikum erreichen möchtest · du verschiedene Content-Formate nutzen möchtest · Community-Building und Gruppeninteraktionen wichtig für dich sind	· du Wert auf visuellen und professionellen Content legst · du ein überwiegend jüngeres Publikum hast · du nur begrenzte Ressourcen für aktives Community-Management hast
TIKTOK	· du gern kurze und unterhaltsame Videos erstellst · du ein junges Publikum ansprechen möchtest · du Trends nutzen möchtest, um deine Marke bekannt zu machen	· du professionelle Videos teilen möchtest, die länger als drei Minuten gehen · deine Zielgruppe nicht den demografischen Merkmalen von TikTok entspricht · deine Personal Brand nicht in das kurze, auf Unterhaltung ausgerichtete Format passt

Viele Menschen, die neu auf Social Media sind, machen sich viele Gedanken darüber, welche Art von Content sie in welchem Format teilen sollten. Hier kommt deine Personal Brand wieder ins Spiel. Welche Art von Inhalten du in welcher Form posten solltest, ist von deinen Zielen abhängig. Natürlich solltest du hierbei aber auch die Plattform beachten, auf der du deinen Beitrag teilen möchtest. Beispielsweise liegt bei Instagram und TikTok der Fokus auf Videoformaten, während bei LinkedIn immer noch auf Bilder, Grafiken oder Slides gesetzt wird. Stell dir vorab immer die Frage: Welche Formate passen am besten zu mir? Solltest du nicht gerne Videos erstellen, setze mehr auf Bilder oder Grafiken. Denn aus Erfahrung können wir sagen, dass deine besten Inhalte immer die sein werden, mit denen du dich zu 100 Prozent identifizieren kannst.

Um dir einen Überblick über die verschiedenen Formate der einzelnen Social-Media-Plattformen zu geben, haben wir in der Abbildung rechts die jeweiligen Vor- und Nachteile aufgelistet.

DIE RICHTIGE ZIELGRUPPE ERREICHEN

Hast du mit dem Aufbau deiner Social-Media-Präsenz begonnen, musst du im nächsten Schritt die richtigen Personen mit deinem Content erreichen. Das ist deine Möglichkeit, dich als Expertin in diesem Gebiet (und in deinem Unternehmen) zu etablieren und in den sozialen Medien an Reichweite zu gewinnen. Aus eigener Erfahrung wissen wir, dass es aufgrund der riesigen Menge an Inhalten, die von verschiedenen Autor:innen geteilt werden, anfangs schwierig ist, Aufmerksamkeit auf sich zu ziehen. Lass dich davon aber nicht entmutigen. Beständigkeit ist einer der wichtigsten Punkte beim Aufbau einer Social-Media-Präsenz. Du wirst merken, dass sich Stück für Stück der Bekanntheitsgrad deines Kanals und das Engagement (Likes, Kommentare, Shares etc.) erhöhen werden.

In der Abbildung auf Seite 92 stellen wir dir ein Vorgehensmodell vor, wie du am besten mit neuen und relevanten Zielgruppen in Kontakt treten kannst. Sie wird dir dabei helfen, deine

Content-Formate

VIDEOS/REELS

Plattformen: Instagram, LinkedIn, Facebook, TikTok.

Pros: Ansprechendes und teilbares Format. Ideal für Tutorials, Produktdemos, Storytelling und Unterhaltung.

Contras: Erfordert Zeit und Ressourcen für das Filmen und Bearbeiten. Die Aufmerksamkeitsspanne kann bei längeren Videos begrenzt sein.

BILDER

Plattformen: Instagram, LinkedIn, Facebook.

Pros: Sehr visueller und aufmerksamkeitsstarker Content. Hervorragend geeignet für die Platzierung von Produkten, Lifestyle und kreativen Bildern.

Contras: Erfordert qualitativ hochwertige Bilder. Begrenzter Platz für ausführliche Bildunterschriften oder Informationen.

INFOGRAFIKEN

Plattformen: Instagram, LinkedIn, Facebook.

Pros: Geeignet für die Darstellung von Daten, Statistiken und komplexen Informationen in einem visuell ansprechenden und verständlichen Format.

Contras: Erfordert Designkenntnisse oder -tools.

TEXTBASIERTE POSTS

Plattformen: LinkedIn, Facebook.

Pros: Ideal für den Austausch von Nachrichten, Artikeln und informativen Updates. Einfach zu erstellen und zu konsumieren.

Contras: Begrenzte visuelle Wirkung. Zeitaufwendig und erfordert einen guten Schreibstil.

SLIDER POSTS

Plattformen: Instagram, LinkedIn, TikTok.

Pros: Ermöglicht mehrere Bilder oder Videos in einem Beitrag. Erhöht das Engagement und ist eine gute Möglichkeit für Storytelling.

Contras: Erfordert Planung und einen zusammenhängenden Inhaltsfluss. Nutzer schauen sich eventuell nicht alle Bilder an.

LIVE STREAMING

Plattformen: Instagram, LinkedIn, Facebook, TikTok.

Pros: Interaktion mit dem Publikum im Live-Format. Ideal für Frage- und Antwortrunden, Produkteinführungen oder Einblicke hinter die Kulissen.

Contras: Erfordert Planung und Werbung. Während der Live-Sitzung können technische Probleme auftreten.

Reichweite zu erhöhen und dich als Expertin in deiner Branche zu positionieren. Wichtig ist, dass es auf Social Media nicht (nur) darum geht, mehr Follower:innen zu gewinnen oder eine Influencerin zu werden. Es geht vielmehr darum, die Reichweite und Zugänglichkeit als karriereförderndes Instrument zu nutzen.

Überblick für den Start deiner Content-Erstellung

1. **Definiere deine Zielgruppe:** Überlege, für welche Personen dein Content bestimmt ist, und passe ihn an die Bedürfnisse der Zielgruppe an.
2. **Content-Formate verwenden und erstellen:** Binde ansprechende Bilder, Videos und Infografiken ein, um das Engagement zu erhöhen.
3. **Definiere deine eigene Sprache und schreibe ansprechende Texte:** Schaffe einen einheitlichen Ton und schreibe fesselnde, hochwertige Texte.
4. **Mehrwert bieten:** Gebe Erfahrungen, Tipps und Fachwissen weiter, um Probleme zu lösen und Vertrauen aufzubauen.
5. **Inhalte kuratieren:** Kuratiere relevante Inhalte aus vertrauenswürdigen Quellen und ergänze deine Erfahrungen.
6. **Content-Plan erstellen:** Organisiere deinen Content in einem Kalender, einschließlich verschiedener Content-Formate.
7. **Interagiere mit deiner Community:** Reagiere auf Kommentare, rege Diskussionen an und baue eine Bindung zu deiner Community auf.

SOCIAL MEDIA FÜR DEINEN BERUFLICHEN ERFOLG RICHTIG NUTZEN

Als letzten Tipp möchten wir dir noch ein paar Empfehlungen an die Hand geben, wie du durch die Nutzung von Social Media deine Karriere kontinuierlich fördern kannst.

NETWORKING ONLINE

Social Media bietet dir eine Vielzahl guter Möglichkeiten, mit Expert:innen aus verschiedenen Branchen in Kontakt zu treten und dich mit ihnen zu vernetzen. Nutze Plattformen wie LinkedIn,

Instagram und Facebook, um dein berufliches Netzwerk zu erweitern, relevanten Branchengruppen beizutreten und dich dort an Diskussionen zu beteiligen. Du hast die Möglichkeit, deine wertvollen Erkenntnisse in Online-Communitys zu teilen und so neue Beziehungen zu wichtigen Entscheidungsträger:innen in deiner Branche aufzubauen. Wichtig ist, dass du hierbei professionell und authentisch bleibst. Social Media bietet dir die Möglichkeit, neue und inspirierende Kontakte zu knüpfen – oft schneller und einfacher als im realen Leben. Nutze diese Möglichkeit also proaktiv, um aktiv neue Kontakte zu knüpfen und alte zu pflegen.

JOBSUCHE

Für Arbeitsuchende sind LinkedIn und sogar Facebook zu wichtigen Plattformen geworden, um nach offenen Stellen zu suchen. Folge für dich relevanten und interessanten Unternehmen, um über Stellenanzeigen informiert zu bleiben, und vernetze dich mit Personalverantwortlichen oder Recruiter:innen. Ein weiterer wichtiger Punkt hierbei ist, dass du dein Profil optimierst. Hebe deine Fähigkeiten, Erfahrungen und Karriereziele hervor. Interagiere aktiv mit berufsbezogenem Content, verwende und folge branchenrelevanten Hashtags und nutze dein Netzwerk für Referenzen und Empfehlungen. So erhöhst du deine Chance, spannende Karrieremöglichkeiten zu finden. Der Trend geht immer mehr dahin, dass Unternehmen ihre Mitarbeitenden über die sozialen Medien rekrutieren und sich aktiv beim Arbeitnehmenden bewerben.

PLATZIERE DICH ALS EXPERTIN AUF DEINEM GEBIET

Social Media bietet dir außerdem die Chance, dich mit deinem Fachwissen als Expertin auf einem Gebiet zu etablieren. Artikel, Studien und Einblicke in die Branche, die etwas mit deinem Fachwissen zu tun haben, solltest du unbedingt teilen. Dabei solltest du immer das Ziel verfolgen, deiner Community einen Mehrwert zu bieten. So kannst du dich nach und nach als erste Informationsquelle für bestimmte Themen positionieren.

LinkedIn-Artikel, Blog-Posts, YouTube-Videos oder Podcasts bieten dir die perfekte Möglichkeit, deine Perspektive und Erkenntnisse zu teilen. Je mehr und regelmäßiger du Content erstellst, desto glaubwürdiger wirst du von anderen Nutzer:innen wahrgenommen und kannst so neue berufliche Chancen generieren.

Fazit: Nutze die Macht der sozialen Medien für deinen persönlichen und beruflichen Erfolg.

Viele Expertinnen und Experten haben erst durch ihre Online-Präsenz erhebliche Anerkennung erhalten und sich so viele neue Karriereperspektiven ermöglicht. Nutze also auch du die Chance und erfahre selbst, wie deine Online-Präsenz deine Karriere fördern kann.

Lass dich nicht von anderen verunsichern, starte in kleinen Schritten und entwickle deine Personal Brand Stück für Stück weiter.

> „Deine Stimme ist wichtig, dein Fachwissen ist wertvoll, und die Welt wartet darauf, von dir zu hören. Nutze die Möglichkeiten der sozialen Medien, bleib deiner persönlichen Marke treu und lass dein authentisches Ich durchscheinen. Denke immer daran, dass es um die Förderung deiner Karriere geht und du so einen bleibenden Eindruck bei relevanten Personen hinterlassen kannst. Beginne deine Reise in den sozialen Medien noch heute und lass sie zum Sprungbrett für deine Zukunft werden."
>
> **Kia Lindroos und Chiara Weis**

„Karriere habe ich nie geplant,
sie hat mich gefunden.
Die Kombination aus Leidenschaft,
Kompetenz, Selbstvertrauen
und Integrität war und
ist mein Schlüssel zum Erfolg.“

SILKE BREIER

Bereichsleiterin Personal,
Investitionsbank des Landes Brandenburg

„Hört auf, Karriere-Ratgeber zu lesen! Konzentriert euch darauf, wertvolles Feedback einzuholen und euch eurer Einzigartigkeit bewusst zu werden. Denn Erfolg entsteht nicht durch das blinde Befolgen von Ratschlägen, sondern durch das Verständnis unserer individuellen Stärken und das konstruktive Feedback, das uns dabei hilft, unsere eigene einzigartige Karriere zu formen. Manchmal ist es wichtig, auch rechts und links zu schauen, denn die Lebenswege und Karrieren sind in den seltensten Fällen geradlinig. Seid mutig und geht euren eigenen Weg!“

CHRISTINE REGITZ

Vice President, Global Head of SAP Women in Tech, SAP SE

ANNA LEDDIN

Managerin IT Management
& Innovation

> Frage dich wirklich, wofür du eine Sache tun willst – und ob du für die Sache brennst. Leidenschaft und Begeisterung treiben dich über Jahre an.

LinkedIn

Einfluss? Immer her damit!

MIT GEZIELTER EINFLUSSNAHME ZUM ERFOLG

Warum beschäftigt mich dieses Thema?

Die ersten 25 Jahre meines Lebens dachte ich, dass Gleichstellung im Business-Kontext ein alter Hut ist und dass längst alle Hürden überwunden sind: Nur die Qualifikation zählt, und alle Frauen mit herausragenden Fähigkeiten können selbstverständlich alles werden und erreichen. Wahrscheinlich war dies sogar so selbstverständlich für mich, dass, wenn mich jemand nach meiner Meinung zum Thema Gleichstellung befragt hätte, ich nicht mal die Frage verstanden hätte. Aber bei dieser Sicht sollte es nicht bleiben.

Irgendwann fing diese Überzeugung an zu bröckeln. Sicherlich basierte dies auch auf der anhaltenden öffentlichen Diskussion in Deutschland über die Einführung einer Frauenquote in der Wirtschaft, welche ab 2010 zunehmend intensiv eingefordert wurde und nicht so recht zu meinem Weltbild passte. Auf alle Fälle war es ein sich über die Jahre entwickelnder Gedanke, den ich als ambitionierte Frau im Business nun immer klarer formulieren kann: Karriere und beruflicher Erfolg sind in der deutschen Arbeitswelt im Standard-Setting männlich. Das bedeutet nicht, dass Frauen nicht Karriere machen können, dafür gibt es ausreichend Beispiele in der Praxis. Vielmehr bedeutet dies, dass wann immer eine Frau Karriere und beruflichen Erfolg anstrebt, sie dies zunächst einmal „unerwartet“ tut.

Unerwartet im Hinblick auf die gesellschaftlichen Erwartungen und unerwartet vielleicht sogar für sich selbst – je nachdem, wie Frau sozialisiert wurde.

Die Erwartungen an Frauen, die nicht immer primär mit Karriere verbunden sind, sind keine unüberwindbaren Barrieren, aber doch ein Rahmen. Dieser Rahmen ist keine Autobahn, auf der freie Fahrt für freie Bürgerinnen gilt. Vielmehr müssen in vielen Unternehmen oft erst Wege im Dickicht der männlich geprägten Karriere-Rituale erschlossen werden. Es ist anstrengend, solche Pfade als Erste zu begehen, doch manchmal ergeben sich Wege auf die limitierten Auffahrten der Karriere-Autobahn. Kaum angekommen, sind deutlich mehr Abfahrten ausgemacht. Nimmt Frau – mehr oder weniger freiwillig – eine Abfahrt, sind die Wege zurück auf die Karriere-Autobahn oft schwierig aufzufinden. Angesichts dieser „Verkehrslage“ entscheiden sich einige Fahrerinnen gleich ganz dafür, Fahrrad zu fahren und ihr Auto in die Garage zu stellen und den Schlüssel wegzuwerfen. Unternehmen sollten sich daher überlegen, ob sie Frauen ein paar mehr deutlich markierte Auffahrten auf die Karriere-Autobahn bereitstellen wollen.

Frauen-Karrieren haben als ein Aspekt von Diversity für den deutschen Arbeitsmarkt einen klaren Business Case: Je mehr hervorragend ausgebildete Menschen in der Berufswelt ihren Karriereweg mit Leidenschaft und Erfolg verfolgen, desto größer ist der volkswirtschaftliche Nutzen – Grüße vom deutschen Fachkräftemangel. Frauen nehmen im Bereich Diversity eine exponierte Stellung ein, denn sie stellen die Hälfte der Bevölkerung (sind also keine Minderheit!) und bereichern den Arbeitsmarkt Jahr für Jahr neu mit überdurchschnittlich gut qualifizierten Absolventinnen. Jedoch gelingt es unserer Arbeitswelt heute nicht, dieses Potenzial voll zur Entfaltung zu bringen. Warum? Weil beruflicher Erfolg heute immer noch in zu großen Teilen unserer Gesellschaft als nicht-weiblich codiert ist.

Kann das so bleiben? Ich finde: Auf keinen Fall – denn wie viele Frauen möchte ich Spaß haben im Berufsleben, mich einbringen und erfolgreich sein. Damit das gelingt, muss sich im Berufsleben für uns Frauen etwas ändern.

WARUM ALSO NUN GERADE „EINFLUSS"?

Als Frau die Berufswelt verändern: Das erfordert, dass ich definieren und entscheiden kann, was in dieser Arbeitswelt getan oder gelassen wird, um Dinge erledigt zu bekommen. Anders ausgedrückt: **Wir brauchen die Möglichkeit, Einfluss ausüben zu können.**

Auch auf der individuellen Ebene – für mich persönlich als Frau im Business – ist es von entscheidender Bedeutung, Einfluss zu haben:

- Die Kunst liegt beruflich oft nicht nur darin, gute Gedanken zu haben und diese fachlich präzise zu Papier zu bringen – sondern diese auch so an den Mann bzw. an die Frau zu vermitteln, dass Themen damit auch erledigt werden und von meinem To-do-Zettel verschwinden; das stellt sowohl Spaß als auch Wirksamkeit bei der Arbeit sicher.
- Einfluss sorgt weiterhin für die notwendige Passung zwischen Themen, die auf meiner To-do-Liste stehen, und Themen, die

ich gut kann – denn wer Themen bewegt, die einem liegen, der kommt in der Regel zu guten Ergebnissen, das führt zu Erfolg, und Erfolg macht Spaß!

Spaß beim beruflichen Tun und Wirken ist doch genau das, was dazu führt, dass wir beständig und über Jahre engagiert dabeibleiben, auf dieser Karriere-Autobahn. **Also her mit dem Einfluss!**

DEFINITION UND EINORDNUNG VON EINFLUSS ALS BEGRIFF

Sprachlich ist Einfluss im Duden definiert als eine bestimmende Wirkung von etwas oder jemandem auf jemand anderen. Einfluss bezeichnet Einwirkung bzw. auch Ansehen oder Geltung einer Person.

Im Miteinander von Menschen ist sozialer Einfluss relevant: Sozialer Einfluss bedeutet, auf das Denken und Handeln von Mitmenschen einwirken zu können, wobei die Mitmenschen einvernehmlich und aus geteilter Überzeugung handeln.[8]

Einfluss in Gruppen bzw. Organisationen lässt sich damit betrachten als die Möglichkeit,

- zu definieren, was wichtig bzw. relevant ist,
- zu entscheiden, was getan und was gelassen wird,
- und damit wiederum Sachen in Eigenverantwortung „erledigt zu bekommen“.

Einflussreich sein in Einvernehmen mit seinen Mitmenschen heißt auch: Man hat viel zum Tauschen. Und Tauschmöglichkeiten schaffen vielfältige Handelsoptionen, Gestaltungsmöglichkeiten und damit vor allem Autonomie und Freiheit für die eigene Lebensgestaltung.

[8] Siehe für weiterführende Information zum Thema Macht und Einfluss in Organisationen: https://shorturl.at/mBKRZ

GEZIELTE EINFLUSSNAHME – AUS DER PRAXIS FÜR DIE PRAXIS

Was mir geholfen hat: eine Antenne für Einfluss und Einflussnahme entwickeln – die eigene Beobachtung hierfür schärfen und wiederkehrende Mechanismen entdecken. Diese Antenne hat maßgeblich von einem Seminar profitiert, das ich vor einigen Jahren im Rahmen des CrossMentoring-Programms von Cross-Consult genau zu diesem Thema erleben durfte.

Was mir noch geholfen hat: Einfluss als etwas Positives, Bereicherndes sehen (Spaß!) und sukzessive daran arbeiten, den eigenen Einflussbereich zu vergrößern. Dazu gehört zu Beginn auf jeden Fall der Aufbau von Selbstwertgefühl und Selbstbewusstsein (wer bin ich, was kann ich, was will ich?). Auf dieser Basis helfen mir zwei Perspektiven, meinen Einfluss zu stärken und weiter auszubauen:

1. **Sachliche Autorität:** Durch fachliche Kompetenz agiere ich als Expertin. Meinungen und Einschätzungen von mir unterstütze ich dadurch, dass ich auch sprachlich auf meine Expertise verweise: „Ich möchte mich als Expertin zu Wort melden ..." oder „Auf Grund meiner fachlichen Expertise ..." Ähnlich stärke ich bewusst auch meine Kolleginnen: „Alex, was meinst du mit deiner langjährigen Erfahrung ...?"
2. **Beziehungseinfluss:** Durch persönliche Kompetenz gestalte ich aktiv meine Beziehungen und entwickele mithilfe meiner Kolleg:innen und meines Netzwerks meine Arbeitsergebnisse weiter. Über die Jahre wurde mir hierbei klar, dass es nicht darum geht, jedes Arbeitsergebnis angestrengt allein zustande zu bringen – sondern dass ein großer Nutzen darin liegt, sich Hilfe zu holen und Themen gemeinsam zu entwickeln. Praktisch „Hilfe genießen". Sprachlich kann das zum Beispiel so gehen: „Könntest du mich unterstützen bei ..." oder „Für mich ist wichtig, dass ..." und „Ich wünsche mir deine Hilfe ..." Diese Formulierungen unterstützen mich darin, gezielt mein Umfeld zu aktiveren und mir Beistand zu holen.

MACHT UND EINFLUSS – ZWEI SEITEN DER GLEICHEN MEDAILLE

Wo auf der einen Seite Einfluss steht, gibt es noch eine zweite Seite – die der Machtausübung. Hierbei wird durch Nutzung von sogenannter Belohnungs- und Sanktionskompetenz ein Gefälle in der Sozialbeziehung hergestellt: „Macht ist ein politisch-soziologischer Grundbegriff, der für Abhängigkeits- oder Überlegenheitsverhältnisse verwendet wird, d. h. für die Möglichkeit der Macht-Habenden, ohne Zustimmung, gegen den Willen oder trotz Widerstandes anderer die eigenen Ziele durchzusetzen und zu verwirklichen (M. Weber). Macht kann von Personen, Gruppen, Organisationen [...] bzw. dem Staat ausgeübt werden oder von gesellschaftlichen (wirtschaftlichen, technischen, rechtlichen, kulturell-religiös geprägten) Strukturen ausgehen. Demzufolge wird zwischen persönlicher und sozialer Macht sowie Machtstrukturen unterschieden.“[9]

Damit einhergehend ist bei Macht von einem sozialen Gefälle auszugehen mit einer überlegenen und einer unterlegenen Partei. Klingt nicht nach Spaß – und hat für mich bisher im Berufsleben auch nicht funktioniert, zumindest nie mit einem guten Gefühl. Zwar konnte ich, zum Beispiel in meiner Rolle als Projektleiterin, Teammitglieder zur Erledigung einer Aufgabe anweisen bzw. zwingen – aber es gab in der Regel ein offensichtliches oder subtiles Nachspiel, mit dem sich der betroffene Mensch gerächt hat und so das soziale Gefälle wieder ausgeglichen hat.

Männern wird stereotyp eher Machtausübung zugebilligt als Frauen, die für Machtausübung mehrheitlich sozial sanktioniert werden. Für mich ist Machtausübung – also die Beeinflussung des Denkens und Handelns anderer Menschen gegen ihren Willen – keine Option mehr, denn ich habe hinreichend positive Optionen im Bereich der Einflussnahme. Damit erreiche ich dauerhaft und ohne größere Kollateralschäden meine Ziele bzw. schaffe sogar den Nährboden dafür, dass mich mein Umfeld begeistert unterstützt.

[9] Vgl. https://www.bpb.de/kurz-knapp/lexika/politiklexikon/17812/macht/, zuletzt aufgerufen am 11.8.2023.

NEXT STEPS – ÜBUNGEN FÜR DEN ALLTAG

Um entlang der obigen Gedanken auch in der Praxis zu Einfluss ins Tun und Üben zu kommen, empfehle ich dir, folgende Fragen mit in deine eigenen Gedanken und Selbstreflexion zu nehmen:

1. **Wer bist du, was kannst du und was willst du?** Kein Schönreden, kein Übertreiben, kein Verkaufen; Klarheit über eigene Interessen: Was genau sind deine Interessen und Ziele?
2. **Präzise Selbstpräsentation:** In welchem Rahmen, welchen Kontexten, auf welchen Bühnen könntest du deine Interessen und Leistungen mehr und deutlicher darstellen?
3. **Verhandlungsspielraum:** In welche Konflikte (innere u. äußere) müsstest du dich möglicherweise begeben? Was ist dein Preis dafür? Was müsstest du aushandeln bzw. an welchen Stellen könntest du Kompromisse eingehen?
4. **Verbündete:** Wer sind relevante Personen für dich und deine Themen? Was müsstest du tun, um sie zu gewinnen? Wer könnte Mentor:in bzw. Unterstützer:in sein? Wer sollte noch von deinen Interessen wissen? Auf welches Netzwerk kannst du zugehen und um Unterstützung bitten bzw. für deine Interessen werben?

Und damit kann es weitergehen mit deiner Karriere – viel Spaß beim Einfluss gewinnen und nehmen!

„Man kann nicht in die Zukunft schauen,
aber man kann den Grund für etwas Zukünftiges legen –
denn Zukunft kann man bauen.“

Antoine de Saint-Exupéry

„Karriere heißt vor allem auch: In Bewegung sein und bleiben, sein eigenes Ding machen und Dinge vorantreiben, die einen nicht nur persönlich überzeugen, sondern auch Spaß machen."

SIMONE HRUSCHKA

Bereichsleiterin Anwendungsentwicklung-Leben, ALH Gruppe

CLAUDIA IRSFELD

Head of People & Development

> Einfluss nehmen heißt, sich aktiv einzubringen, Dinge mitzugestalten und die Welt ein wenig besser zu machen.

LinkedIn

Frauen, macht!

ODER FRAUENMACHT

Die prognostizierte Zeit, bis sich „die Rahmenbedingungen“ für Frauen ändern und weltweit Gleichstellung erreicht sein wird, schwankt je nach Institut. Das World Economic Forum geht von aktuell 131 Jahren aus, um die Lücke zu schließen ... eine unvorstellbare Ewigkeit. An diesem Veränderungsprozess sind viele beteiligt und noch mehr stehen in Verantwortung. In diesem Kapitel möchte ich den Blick auf die Handlungsmöglichkeiten von Frauen lenken und gleichzeitig klarstellen, dass Frauen eben nicht allein verantwortlich dafür sind, dass sich etwas ändert.

So mag zunächst bei Frauen das Ziel einer „weiblicheren“, zumindest aber „genderfairen“ Wirtschaft auch überwiegend auf Zustimmung stoßen. Über den Weg dahin besteht jedoch durchaus Uneinigkeit und über die vielfältigen Einflussmöglichkeiten zudem häufig weniger Bewusstsein. Einige sagen auch: „Da können wir eh nichts machen und letztlich haben Männer die Macht.“

Ich glaube, Frauen können sich weit intensiver als bisher mit Macht und den unzähligen Möglichkeiten einer konsequenten Machtausübung vertraut machen und diese Macht auch nutzen – oder ganz simpel: einfach „machen“.

Macht ist ein mächtiges Wort. Für viele ist es zu mächtig, negativ belegt und überhaupt nichts, was für sie persönlich erstrebenswert ist. Meine Erfahrung im privaten wie auch im beruflichen Umfeld: Frauen mögen Macht nicht sonderlich, und auch für mich ist das Wort nicht nur positiv besetzt.

Wikipedia definiert Macht wie folgt: „Macht bezeichnet die Fähigkeit einer Institution, Person oder Gruppe, auf das Denken und Verhalten einzelner Personen, sozialer Gruppen oder Bevölkerungsteile so einzuwirken, dass diese sich ihren Ansichten oder Wünschen unterordnen und entsprechend verhalten.“[10]

Ich schlage vor, das Wort „Macht“ durch „Einfluss“ zu ersetzen und den letzten Halbsatz umzuschreiben in: „... dass sich diese mit ihren Ansichten oder Wünschen langfristig anschließen oder arrangieren und sich entsprechend verhalten.“

Ob ich dann noch von „Macht“ sprechen könnte? Macht nichts! Denn „Machen“ ist die Devise. Und dieses „Machen“ fängt im Kleinen-Großen, an den unzähligen Wurzeln meiner Einflussmöglichkeiten, an.

ALS BUSINESS FRAU ...

... habe ich beispielsweise bei der Auswahl von (Dienst-)Leistungen ein Wörtchen mitzureden – egal, ob ich auf Mitarbeitenden-Ebene oder als Führungskraft tätig bin. Ich kann entscheiden, dass (Dienst-)Leistungen von Unternehmen eingekauft werden, die von Frauen geleitet werden oder sich nachweislich für Frauen einsetzen. Das gilt ebenso für die Auswahl von externer Unterstützung: Top Qualität bei der Programmierung des neuen Algorithmus kann auch eine Freelancerin liefern. Und bei der Vorstellung des Jurist:innen-, Architekt:innen-, Beratung-, Trainings- oder Coachingteams erbitte ich ebenfalls die Beteiligung von qualifizierten Frauen.

[10] https://de.wikipedia.org/wiki/Macht, zuletzt aufgerufen am 11.8.2023.

ALS SPÄTERE FÜHRUNGSKRAFT …

… bin ich in der Regel auch bei Personalentscheidungen dabei. Ich erwarte, dass von extern oder von intern mindestens immer eine qualifizierte Frau und ein qualifizierter Mann für die vakante Position oder die nächste Beförderung vorgeschlagen werden. Ich sensibilisiere mich und mein Team für Gender-Stereotype bei der Stellenbesetzung: Männern wird handlungsorientiertes Verhalten zugesprochen, Frauen fürsorgliches. Spätestens bei Führungspositionen haben Frauen so das Nachsehen, da die Vorstellung von einer guten Führungskraft oft immer noch mit handlungsorientiertem Verhalten (Dinge durchsetzen, selbstbewusst auftreten etc.) gleichgesetzt wird und weniger mit fürsorglichen Aspekten (etwas für andere tun, gute Beziehungen aufbauen etc.).

Jederzeit kann ich mich für andere Frauen einsetzen, Werbung machen oder auch weniger erfahrene talentierte Frauen ermuntern und unterstützen, mehr Verantwortung zu übernehmen. Je nach Position kann ich formelle Programme in Unternehmen einrichten – „Women@(hier könnte dein Firmennamen stehen)" – oder solche ganz persönlich informell unterstützen. Sei es durch einen Tipp beim Lunch zur Vorbereitung auf die nächsten Ziel- oder Gehaltsgespräche oder durch ein Feedback nach einem Meeting oder auch durch kollegiale Beratung oder Coaching. Wenn ich bewusst und konsequent meinen Erfahrungsschatz teile, können andere Frauen dadurch profitieren. Nicht zuletzt wirke ich als Vorbild und zeige anderen Frauen, dass der Weg gangbar ist und sie etwas erreichen können. Und wenn die Führungsposition noch zu weit in der Zukunft liegt: Ein Forum – sei es on- oder offline –, in dem es von informellem Austausch bis zum vertrauensvollen Coaching und Fachdiskurs über KI oder modellbasierter Softwareentwicklung alles geben kann, kann ich auch als Berufseinsteigerin anregen.

ALS ENTSCHEIDERIN IN GEHALTSVERHANDLUNGEN ...

... kann ich Einfluss nehmen und vorher den Wert einer Position bestimmen. So wird die Höhe des Gehalts nicht mehr von den „Wünschen" von Bewerberinnen (meist bescheiden und niedriger als erwartet) oder den „Forderungen" von Bewerbern (meist selbstsicher höher als erwartet) abhängig. Damit vermeide ich eine Komponente der Verstetigung des Gender Pay Gaps. Denn in einigen Unternehmen erscheint es ja ganz praktisch, an der einen Stelle weniger zu zahlen, wenn weniger gefordert wird, um an der anderen Stelle budgetneutral mehr drauflegen zu können, wenn mehr gefordert wird ...

VORSICHT: ZICKENKRIEGE?

Ich meine: Zickenkrieg ist ein Mythos. Aber hilfreich für Männer, die – natürlich nur wohlwollend – Frauen vor allzu engagierten Karriereschritten und dem Scheitern auf diesem Weg nach oben warnen müssen. Es kann definitiv „mehr als eine geben".

Madeleine Albright hat dazu alles gesagt: „Es gibt einen besonderen Platz in der Hölle für Frauen, die andere Frauen nicht unterstützen." Was ist das Schöne daran? Ich habe die Wahl. Meine Erfahrung? Es gibt sehr, sehr viele Frauen, die auch keine Lust haben, sich miteinander aufzureiben und Männer karrieretechnisch an sich vorbeiziehen zu lassen. Und es gibt sie natürlich, die kooperative und fördernde Zusammenarbeit zwischen Frauen. Das Bild der „Räuberleiter" kommt mir in den Sinn. Allein ist die Karrierehürde vielleicht nur mit sehr viel Anstrengung, auf jeden Fall aber mit viel Zeitverlust zu nehmen. Wenn ich mich aber im richtigen Moment auf Unterstützung verlassen kann, dann gehe ich den nächsten Schritt mit Sicherheit eher an, bin schneller und erfolgreicher. Und die Ausnahmen? Ganz im Sinne Madeleine Albrights: Für die ist der Platz in der Hölle reserviert ...

ICH BIN AUCH PRIVATPERSON …

… und nehme als Konsumentin oder als (Chef-)Einkäuferin meines jetzigen Haushalts oder vielleicht späteren „Familienbetriebs" auf sehr viele Kaufentscheidungen Einfluss und entscheide damit über nicht unbedeutende Budgets und letztlich darüber, wem ich Geld zukommen lasse oder wessen Aktien ich kaufe. Die AllBright Stiftung mit Sitz in Stockholm und Berlin informiert kompetent, wie es mit der Gleichberechtigung in deutschen Unternehmen aussieht, und darüber, welche Unternehmen welche Ziele in Sachen „Frauenförderung" haben. Und, liebe:r Leser:in: Wie geht es dir mit dem Gedanken, die im Netz gefundene Elektrikerin oder Klempnerin damit zu beauftragen, die längst überfälligen kleinen Reparaturen in der Wohnung zu erledigen?

Und die kleinen Budgets? Und die großen Wirkungen von Erziehung, wenn es Nachwuchs gibt? Was kaufe ich für die Kleinen zum Lesen, welche Geschlechterrollen möchte ich fördern? Muss es denn unbedingt das rosarote Prinzessinnen-Shampoo oder der rosa Roller für das Mädchen sein – um nur ein paar kleine, aber durchaus Rollen-prägende Dinge zu benennen. Welche Produkte sich für den Negativpreis für absurdes Gender-Marketing qualifizieren, lässt sich bei „Der Goldene Zaunpfahl" recherchieren.[11]

Sofern ich in einer Beziehung bin, lässt sich auch hier etwas für bzw. gegen Gender-Stereotype tun. Wie ist bezahlte und unbezahlte Arbeit in der Beziehung verteilt? Wer arbeitet Teilzeit? Wer hat den Mental Workload für Haushalt und ggf. Familie? Wer hat also mehr oder weniger Zeit für den bezahlten Job oder auch für Erholungsphasen?

[11] https://goldener-zaunpfahl.de/, zuletzt aufgerufen am 11.8.2023.

ICH BIN IMMER POLITMENSCH – EGAL, WIE VIEL BERUFSERFAHRUNG ICH HABE, DENN …

… als Wählerin oder Kandidatin kann ich mich in einer Partei engagieren, mich aufstellen lassen oder einfach eine Partei wählen, die ein Programm oder zumindest eine Idee zur Gleichstellung von Männern und Frauen hat. Und wenn es aktiv eine Nummer bescheidener zugehen soll: Unser Land ist auf lokaler, regionaler und auf Branchen-Ebene durchzogen von Verbänden, Initiativen, Aktionsgruppen, Hilfsvereinen, Netzwerken, die alle mit mal mehr und mal weniger Aufwand daran „werkeln", Wirtschaft etwas weiblicher werden zu lassen. Einige Beispiele, die mir persönlich gefallen: Business and Professional Women, FidAR, Digital Media Women, deutscher ingenieurinnenbund, Femtec.Alumnae und Working Moms. Weitere Ideen, was es noch alles gibt, liefert auch eine Internet-Recherche.

ICH HABE DIE MACHT – ICH HABE DIE WAHL …

… und die Verantwortung, mir einmal in aller Ruhe Gedanken zu machen, an welchen Stellen und Situationen ich Einfluss nehmen kann, was in meinem Einflussbereich liegt, um mit dafür zu sorgen, dass die Wirtschaft weiblicher wird. Also, was nimmst du dir vor? Wo willst du Einfluss nehmen und dich einbringen? Wenn alles so einfach wäre – ist es aber nicht beziehungsweise: Gesagt ist oft nicht getan! Erfahrungsgemäß stehen ein paar Hürden zwischen dem Sagen/Schreiben und dem Tun. Folgende gedankliche Hürden „poppen" immer wieder auf:

- „Das Thema betrifft mich nicht."
- „Für so etwas habe ich wirklich keine Zeit – ich muss meine fachliche Karriere vorantreiben. Da zählt nur Performance."
- „Wenn ich mich dem Thema annehme, bin ich in meiner Firma/meiner Abteilung/meinem Job unten durch."
- „Dann werde ich ja als Feministin tituliert, das ist ja peinlich."
- „Ich möchte als Frau wahrgenommen werden, nicht als Emanze, mit denen kann ich nichts anfangen."

- „Nö, ist mir zu anstrengend. Sollen die machen, die es nötig haben."
- „Ich will lieber nicht anecken, nicht im Job/nicht im Freundeskreis/nicht in meiner Beziehung/nicht bei meinen Eltern ..."
- „Ich will sowieso keine Karriere machen, daher brauche ich das alles nicht."
- „Wenn ich mal Kinder habe, geht es um ganz andere Dinge."
- „Erst einmal müssen andere aus dem Quark kommen, wie Unternehmen und Politik."
- „Wenn ... dann ..."

TJA, UND NUN?

Gerade von Berufseinsteigerinnen höre ich Folgendes, wenn es um unterschiedliche Bezahlung von Frauen und Männern im Beruf geht: „Das betrifft mich nicht. Ich werde doch gleich behandelt." Das ist möglicherweise am Anfang einer Karriere auch zutreffend – unterstellt einmal, dass meine Gesprächspartnerinnen einen Einblick in das Gehaltsgefüge ihres Unternehmens haben. Der Gender Pay Gap wird allerdings im späteren Berufsleben deutlich größer. In meinen Individual-Coachings mit Frauen geht das bis zu mehr als 60 Prozent Unterschied. Offiziell wird bei Führungspositionen von ca. 30 Prozent gesprochen. Gleichzeitig zeigen Untersuchungen, zum Beispiel an der Hochschule München von Prof. Elke Wolf, dass der Gap auch bei den Alumni der Fakultät Wirtschaftsingenieurwesen genau in dieser Bandbreite festzustellen ist.

„Keine Zeit" glauben wir alle zu haben. Gerade, wenn die Karriere an Fahrt aufnimmt. Nur sollte es ehrlicherweise heißen: „Ich möchte für dieses Thema keine Zeit aufbringen, es hat im Moment keine Priorität für mich." Eine legitime Entscheidung. Meine Bitte jedoch als Personalerin: Nimm dir zu Beginn deiner Karriere dennoch Zeit, um dich klug zu machen, das Thema zu verstehen, Hintergründe und Strukturen zu durchschauen. Das alles ist meiner Ansicht nach Grundrüstzeug für eine Frau in der modernen Arbeitswelt. Und wie du dich dann entscheidest? Das liegt bei dir.

Die Argumente „Ich will lieber nicht anecken" oder „Ich möchte nicht als Feministin tituliert werden" sind schon etwas vielschichtiger. In einigen beruflichen Kontexten und in manchen Unternehmen werden die Themen „Förderung von Frauenkarrieren" oder „Diversity" immer noch als „ungeliebte Themen", als „Themen mit Gschmäckle" gehandelt, wird „Feministin" als herabwürdigendes Wort genutzt. Und wer will schon gerne ein ungeliebtes Thema in die Hand nehmen und herabgewürdigt werden? Und das noch am Anfang der Karriere? Das kann ich ein Stück weit verstehen, auch in mir selbst findet sich das Muster „nicht anecken wollen". Gleichzeitig erlebe und weiß ich aber auch, dass dieser „Struggle for Equity", dieses Bemühen um Chancengleichheit, einfach einiges an Kraft und Überwindung kostet. Ich halte es mit Carolin Kebekus, die sagt: „Feminismus, das ist der heiße Scheiß."

Vielleicht hast du Glück und findest nach etwas Suchen auch in deiner Fachrichtung ein Unternehmen, das diese Themen eben nicht als „Gedöns" abtut, sondern (Gender-)Diversity ernst nimmt. Es werden immer mehr Unternehmen, die dies tun – eine positive Entwicklung. Du kannst natürlich auch dein eigenes Unternehmen gründen und es anders – besser – machen. Ein Vorbild von mir ist Henrike von Platen mit dem Fair Pay Innovation Lab, das faire Bezahlung als den Schlüssel zur Chancengleichheit sieht.

Weiterhin kannst du auch einfach die Tipps weiter oben einsetzen, ohne dein Ziel auf die weithin sichtbare Fahne zu schreiben. Oder du suchst dir Unterstützung auf Peer- oder auf Management-Ebene – manchmal braucht es nur einen Anstoß und gemeinsames Handeln, das steigert oftmals die Freude an Veränderung.

Also, die tatsächlichen oder gefühlten Hürden sind vorhanden und ich will sie auch gar nicht wegdiskutieren. Es ist ein weites Feld und es liegt noch viel Arbeit vor uns, keine Frage. Doch ein kleines „Aber“ noch zum Schluss: Wir sind viele, genau genommen 50 Prozent der Gesellschaft. Damit haben auch wir verschiedene Hebel, und jede von uns kann selbst entscheiden, ob sie einen davon betätigt und welche Hebelgröße sie wählt. Auf jeden Fall kann jede Frau etwas tun. Suche dir aus, was zu dir passt. Auf dass es ein paar Jahre weniger dauert, bis sich die „Rahmenbedingungen“ ändern: Frauen, macht!

„Die meisten Menschen geben ihre Macht auf,
indem sie denken, sie hätten keine.“

Alice Malsenior Walker

„Netzwerken lebt von Gegenseitigkeit und bedeutet, den Erfolg mit anderen zu teilen. Hierbei schätze ich ganz besonders die Inspiration durch den Ideenaustausch mit klugen Köpfen.“

DOROTHEE DEYHLE

Partnerin und Vorstandsmitglied der CA Akademie AG,
Gründerin und Mitglied der Geschäftsführung
der deyhle&löwe Werbeagentur GmbH
sowie Aufsichtsrätin der 4C GROUP AG

FRANZISKA PILZ

Consultant IT Management
& Innovation

> Schaffe dir ein Leben,
> für das du dich freust,
> morgens aufzustehen.

LinkedIn

Für andere einstehen

WARUM ES SICH LOHNT, FÜR SEIN TEAM DA ZU SEIN

Das Wichtigste für mich in meinem Beruf ist die Zusammenarbeit mit meinem Team und den Kund:innen. Mein Fokus ist es daher, dafür zu sorgen, dass die Arbeit auf einer zwischenmenschlichen Ebene funktioniert und Spaß macht. Wahrscheinlich bin ich deswegen mit vielen meiner Kolleg:innen auch privat so gut befreundet. Oder es ist genau andersrum, wer weiß. Jedenfalls ist das für mich immer damit verbunden, die verschiedensten Ansichten, Beweggründe und Interessen unter einen Hut zu bringen. Damit sind nicht ausschließlich die Anliegen der Kund:innen gemeint, sondern auch die verschiedenen Persönlichkeiten, Perspektiven und Stärken innerhalb unseres Teams von Berater:innen.

Obwohl ich noch relativ am Anfang meiner Karriere stehe, habe ich schon den Eindruck gewonnen, dass ich mir meiner Rolle und den damit verbundenen Anforderungen in vielen Bereichen nicht nur sehr bewusst bin, sondern diese auch aktiv lebe. Das bedeutet konkret: Ich mache meine Arbeit gerne und stelle mich den damit verbundenen Aufgaben und Herausforderungen. Gleichzeitig möchte ich das innerhalb meines Wertesystems tun und unter der Voraussetzung, dass das Team stimmt. Beispielsweise habe ich kein Problem, phasenweise länger zu arbeiten und auch mal an meine Grenzen zu stoßen – allerdings nur, wenn ich das Gefühl habe, es ist wertstiftend für meine Kund:innen, es ist wirklich zeitlich begrenzt und es wird nicht als der Standard angesehen. Mir persönlich ist eine fordernde Arbeit wichtig, insbesondere aufgrund der enormen Chancen, mich selbst weiterzubilden und mich, das muss ich ehrlichweise sagen, einfach nicht zu langweilen. Auf der anderen Seite bin ich nicht bereit, dafür mein Privatleben, meine anderen Leidenschaften und soziale Kontakte längerfristig einzuschränken oder schlimmstenfalls aufzugeben.

Diese Einstellung aber nun mit Menschen abzustimmen, die eine andere Verteilung von Arbeit zu Privatleben verfolgen, signifikante Überstunden nicht als einschränkend empfinden oder noch ein sehr traditionelles Bild der Unternehmensberatung haben, ist nicht immer einfach und fällt vielen, insbesondere Berufseinsteiger:innen, schwer.

Um das aber zu tun – das heißt wirklich für sich selbst einzustehen und die eigenen Prioritäten kommunizieren zu können –, braucht es aus meiner Sicht ein paar Faktoren. Mir wurde einmal von einem ehemaligen Kollegen gesagt, dass man einfach mutig genug sein müsse und dass in unserer Branche Menschen dazu grundsätzlich in der Lage sein sollten. So selbstverständlich ist das meiner Meinung nach nicht, da auch so etwas gelernt sein will.

Ja, so ein Mindset kann ich, wenn ich Glück hatte, einfach haben, aber in den meisten Fällen wurde es einem vorgelebt oder beigebracht. Von mir kann ich sagen, dass ich nicht zu den Menschen gehöre, die diese Fähigkeit von Anfang an hatten. Ich kämpfe jetzt noch manchmal damit. Jedoch habe ich in den letzten Jahren deutlich dazugelernt und für mich identifiziert, wieso mir dieses Thema wichtig ist.

Im Grunde habe ich drei Punkte, wieso ich kein Problem mehr habe, für mich und andere einzustehen:

1. Priorisierung meiner eigenen Werte
2. Ein Netzwerk, auf das ich mich verlassen kann
3. Ein Team, das mir wichtig ist

PRIORISIERUNG MEINER EIGENEN WERTE

Dieser erste Faktor ist sowohl beruflich als auch privat immer noch der schwierigste und präsenteste Teil für mich. Die Priorisierung meiner eigenen Werte bedeutet nämlich zuallererst, mir dieser bewusst zu werden – eine größere Hürde als ursprünglich gedacht. Für mich war dieser Schritt so essenziell, da ich grundsätzlich glücklicher bin und damit auch bessere Arbeit abliefere, wenn ich nach meinen Werten lebe.

Bis vor ein paar Jahren war mein berufliches Hauptziel, schnell finanzielle Sicherheit zu erreichen, mir ein großes Netzwerk aufzubauen, Karriere zu machen und grundsätzlich erfolgreich im Leben zu sein. Es ist keine Frage, dass ich davon vieles immer noch möchte, aber ich habe auch erkannt, dass ich einige dieser Themen eher aufgrund meines größtenteils ehrgeizigen und kompetitiven Umfelds übernommen habe. Außerdem: Was heißt überhaupt erfolgreich?

Nach dieser Erkenntnis habe ich angefangen, mir zu überlegen, was meine eigenen Werte sind und welche ich von externen Einflüssen übernommen habe und aus welchen Gründen. Auch habe ich in Frage gestellt, was ich eigentlich wirklich brauche, um zufrieden zu sein. Beispielsweise ist es extrem wichtig für mich, Zeit mit meinen Freund:innen und meiner Familie zu verbringen, mitunter bei Aktivitäten, die mich komplett anders ansprechen als meine tägliche Arbeit. Andererseits habe ich immer noch das starke Bedürfnis nach finanzieller Sicherheit, aber nicht mehr, um als erfolgreich und dazugehörig zu gelten, also um einen bestimmten Status einzunehmen. Sondern vielmehr als Basis für ein Leben, das mir die Freiheit gibt, tun und lassen zu können, was ich in dem Moment möchte. Ganz nach dem Motto: Glück kann man nicht kaufen – aber Geld ist kein Thema, das mich daran hindert, die Dinge zu tun, die mich glücklich machen.

Zum Gedanken Freiheit im täglichen Leben: Ich kann mir prinzipiell keine Gestaltungsfreiheit in meiner Arbeit und Freizeit ermöglichen, wenn ich meine persönlichen Anforderungen und Bedürfnisse nicht aktiv kommuniziere. Das klingt vielleicht sehr banal, aber war für mich eine überraschende Erkenntnis und hat mir sehr geholfen, einzuordnen, wie ich für mich mein Leben priorisiere und damit auch in meiner Arbeit kommuniziere.

EIN NETZWERK, AUF DAS ICH MICH VERLASSEN KANN

Dieser zweite Punkt hat sich für mich erst so richtig herauskristallisiert, als ich in meinem jetzigen Team gestartet bin. Ich habe von Anfang gemerkt, dass ich den notwendigen Rückhalt aus meiner Umgebung habe, um Themen direkt anzusprechen. Das wurde mir nicht nur so von meinen Teammitgliedern vorgelebt, sondern auch aktiv gefördert. Ich glaube, dass ich mich grundsätzlich schnell melde, wenn mich eine Sache bewegt, egal, ob positiv oder negativ, aber die Möglichkeit, das zu leben, habe ich definitiv sehr präsent geboten bekommen. Durch dieses Umfeld habe ich sowohl die nötige Sicherheit erhalten, um für mich zu priorisieren, wie ich es brauche, habe aber gleichzeitig gelernt, genau das auch für mein Team zu tun. Vielleicht auch aus dem eher selbstbezogenen Grund, dass ich mich wohler fühle, wenn auch mein Team zufrieden ist.

Mein letzter Punkt birgt für mich aber noch einmal eine deutlich persönlichere Note: Viele meiner Kolleg:innen zähle ich mit zu meinen engsten Freund:innen, mit meiner besten Freundin habe ich sogar in meinem Unternehmen gemeinsam angefangen. Man könnte jetzt darüber streiten, ob das gesund ist, Berufs- und Privatleben so zu vermischen, aber für mich kann ich sagen, es funktioniert. Ja, wir kommen dadurch auch oft in unserer Freizeit auf arbeitsbezogene Themen, aber gleichzeitig erfahre ich dadurch deutlich mehr Unterstützung in vielen Bereichen. Aus der Erfahrung heraus kann ich auch ganz klar bestätigen, dass diese Dynamik in beide Richtungen funktioniert. Weil mir die Menschen in meinem Team so wichtig sind, ziehe ich sehr viel Kraft aus genau diesen Interaktionen. Auch hier gilt: Egal, ob diese positiv oder negativ sind.

In schwierigen Situationen, ob sie nun mich direkt oder meine Freund:innen betreffen, kann ich durch diesen Rückhalt viel schneller Schmerzpunkte ansprechen und vertreten. Bei positiven Ereignissen entstehen viel Motivation und Freude für alle Beteiligten, gerade weil ich weiß, dass diese von Herzen kommen. Wir unterstützen und fordern uns gegenseitig, was mir am Ende deutlich mehr gibt als eine rein professionelle Kommunikationsebene.

Schlussendlich gibt es wahrscheinlich noch tausend andere Einflussfaktoren, die es mir erleichtern, so offen mit meinen Problemen, aber auch positiven Erfahrungen umzugehen. Alles in allem habe ich für mich erlebt und gelernt, dass Kommunikation, Rückhalt und der Fokus auf meine eigenen Prioritäten die ausschlaggebendsten Themen sind.

Ich halte mich grundsätzlich für eine konfliktscheue Person, aber mir fällt immer wieder auf, dass ich, wenn der Mensch und die Sache es mir wert sind, auch gerne kopfüber in eine Situation springe.

2. Kapitel

Tipps und Insights zur persönlichen Entwicklung

ALEXANDRA MISTELE

Managerin Human Resources Management

LinkedIn

> Habe immer dein Ziel vor Augen. Trau dich, von deinem Weg abzukommen oder einen neuen zu wählen, wenn der jetzige nicht zielführend ist. Auch wenn es für dich bedeutet, noch einmal ein Stück zurück zur letzten Gabelung zu gehen.

Raus aus der Komfortzone!

WARUM EISKALTES WASSER EIN TOLLER ORT SEIN KANN

Als ich meinen zweiten Master absolviert hatte, kam ich mit einer Managementberatung in Berührung. Damals ging es darum, zu schauen, ob meine Studienkolleg:innen Interesse an der Beratung hatten. Ich selbst habe damals Beratung vehement abgelehnt: Knochenjob, lange Arbeitszeiten, Ausbeute, kein Privatleben, nur weg. Genau: Schublade auf und direkt wieder zu. Ich wollte doch etwas bewegen, Menschen helfen, im Personalbereich eines Unternehmens tätig sein: eine Stelle in einer Personalabteilung. Ich bat um mehr Informationen zum Geschäftsmodell und zu den Werten der Beratung, um meine Kommiliton:innen bestmöglich dazu zu informieren.

Doch je länger ich mit Claudia Irsfeld, Head of HR der 4C, sprach, desto interessierter wurde ich selbst. Somit beschloss ich, einen Versuch in der Managementberatung zu starten, ganz nach meinem Motto: „Nur wenn du selbst etwas ausprobiert hast, kannst du wissen, ob es dir wirklich nicht liegt."

Inzwischen bin ich fünf Jahre bei der Beratung und bereue es nicht. Denn Managementberatung bedeutet: jeden Tag zu lernen, Menschen auf ihrem Weg zu begleiten, neue Themen zu erschließen, viele tolle Menschen sowie unterschiedliche Organisationen kennen zu lernen. Sich selbst und seine Grenzen zu testen. Neue Leidenschaften zu entdecken. Neue Erfahrungen machen zu dürfen. Sich der eigenen Wahrnehmung innerhalb des Unternehmens und durch Kund:innen bewusst zu sein sowie auf die eigenen Erfolge stolz zu sein. Ich liebe es, vor Herausforderungen gestellt zu werden und sie anzugehen. Wenn mein Ehrgeiz geweckt ist, dann brenne ich.

MEIN EINSTIEG IN DIE BERATUNG WAR EIN SEHR MUTIGER SPRUNG

Keine Projekterfahrung, kaum betriebswirtschaftliche Kenntnisse und dann direkt im Competence Center Chief Financial Office gestartet, das bedeutet: Beratung von Finanzvorständen und Kaufmännischen Leitungen. Mehr betriebswirtschaftliches Wissen kann nicht gefordert sein. Nach einem halben Jahr wurde dann mein heutiges Competence Center Human Resources Management gegründet: ein Partner, zwei Festangestellte und diverse Werkstudent:innen. Auch hier fielen zahlenlastige Projekte (nicht meine Herzensangelegenheit: MS-Excel und ich hatten noch nicht zusammengefunden) und sehr betreuungsintensive Kund:innen in meinen Aufgabenbereich. Alles, was ich mir nicht für mein erstes Projekt gewünscht hatte. Es war eine herausfordernde und lehrreiche Phase, denn ich musste in kürzester Zeit sehr viel aufholen, mich in Themen reingraben und wirklich in die Tiefe gehen.

Ich habe das kalte bzw. unbekannte Wasser gemeistert. Immer mit Unterstützer:innen am Rand und dennoch absolut eigenständig. Und was hat das in mir ausgelöst, als ich angekommen war? Ein absolutes Glücksgefühl! Fun Fact: Duschen oder baden in kaltem oder in Eiswasser löst im Körper eine Endorphinausschüttung aus und fördert zudem die Durchblutung von Herz und Kreislauf, stärkt das Immunsystem und beeinflusst die Elastizität der Arterien positiv.[12]

Was möchte ich damit sagen? Ich habe mir noch nie den leichten Weg ausgesucht, sei es bei dem Entschluss, allein in die USA zu gehen, oder der Entscheidung, in meinem ersten Berufsleben nach München zu ziehen oder noch einmal zu studieren. Hat mich das alles Zeit, Nerven, Tränen und Geld gekostet? Ja, definitiv. Es hat mir aber auch etwas anderes gezeigt: Wir sind nie zu alt, neue Wege auszuprobieren, aus der Komfortzone zu gehen. Außerhalb der Komfortzone habe ich meine Stärken gefunden und meine Grenzen gefestigt bzw. neu gesetzt. Nun weiß ich: Egal, wie unbekannt oder kalt das Gewässer ist: Ich kann schwimmen. Ich meistere jede Herausforderung. Manchmal schneller, manchmal langsamer, manchmal gehe ich kurzzeitig unter, aber ich komme immer an mein Ziel. Ich hatte oft Unterstützer:innen am Beckenrand, in Gestalt meines Mannes, meiner Familie, meiner Freunde, meines Netzwerks, von Kolleg:innen oder auch Führungskräften.

Oft habe ich gesagt: „Ich bin noch nicht bereit, ich brauche noch etwas mehr Zeit, Erfahrung oder Zuspruch." Vergiss diese Gedanken. Lege jetzt los. Gehe an den Beckenrand, zieh deine Badekappe an und setzte die Schwimmbrille auf. Du wirst es schaffen und am Ende der Bahn positiv verändert und gestärkt aus dem Becken steigen. Wie oft habe ich Extra-Runden gedreht, bin tief getaucht, habe den Ausstieg nicht gefunden. Doch all das war es auf jeden Fall wert. (Eis)kaltes bzw. unbekanntes Wasser ist deshalb ein grandioser Ort, da ich mir dort das Lernen zugestehen kann.

Wie du richtig erkannt hast, verwende ich bewusst ein Schwimmbecken als Metapher, nicht einen Ozean. Ich erwähne Badekappe, Schwimmbrille sowie Beckenränder und spreche nicht

[12] Vgl. https://www.aok.de/bw-gesundnah/fitness-und-sport/eisbaden-der-kalte-kick-fuer-sinne-und-gesundheit, zuletzt aufgerufen am 11.8.2023.

von Stürmen auf offener See. Das tue ich aus gutem Grund: Ja, wir wollen aus unserer Komfortzone gehen – aber nicht über eine gewisse Grenze, ab der es ungesund, gefährlich und unnötig riskant wird. Stecke dir Ziele, die außerhalb deiner Komfortzonen liegen, die aber erreichbar sind. Ein Schwimmbecken hat immer sichtbare Beckenränder. Zudem können wir schwimmen, vielleicht nur Brust und nicht Freistil, aber Grundwerkzeug, Erfahrungen, Kompetenzen, Stärken sind auf jeden Fall bereits vorhanden.

Oft habe ich gehört, dass Frauen aus meinem Umfeld sich nicht aus ihrer Komfortzone bewegen, aus Sorge, den Ansprüchen der anderen nicht zu genügen. Sind es wirklich die der anderen oder doch die eigenen Ansprüche? Oft waren die Aussagen, dass sie in neuen Positionen oder Themen direkt perfekt oder Expertin sein müssen. Das ist meiner Ansicht nach an sich schon nicht realistisch.

Ich frage mich immer, warum wir Frauen meinen, die nächste Stufe erst dann nehmen zu könen, wenn wir perfekt sind. Wieso gestehen wir uns nicht zu, in anfänglich zu große Schuhe zu steigen und auf dem Weg in sie hineinzuwachsen? Ich habe irgendwann entschieden, mich nicht mehr mit irgendwem zu vergleichen, sei es Mann oder Frau, ich habe einfach mein Ding gemacht und mich ab und an bewusst in Situationen gebracht, die komplett neu oder vermeintlich zu groß für mich waren.

Daher möchte ich dir folgende Denkanstöße mitgeben. Stell dir eine konkrete Situation vor, in der du demnächst eine Entscheidung treffen musst:

- Was wäre das Schlimmste, das passieren kann?
- Ist das Schlimmste, was passieren kann, wirklich so schlimm, um eine Sache nicht anzufangen?
- Was ist das Beste, das passieren kann?
- Wer kann dich unterstützen (Familie, Netzwerk, Kolleg:innen)?
- Welche Stärken besitzt du, die dir helfen können?
- Hilft dir die Erfahrung auf dem Weg zu deinem Ziel?

Sei mutig. Niemals war es leichter als heute, sich beruflich wie privat auszuprobieren. Fachlich und methodisch sind wir alle so gut ausgebildet, dass es immer möglich sein wird, wieder einzusteigen oder die Karriere aktiv voranzutreiben. Deine Komfortzone bleibt dir erhalten. Zu ihr kannst du jederzeit zurück, wenn es mal nicht funktioniert oder das Ergebnis dir nicht gefällt.

DU BIST SO VIEL GRÖSSER ALS DEINE ANGST

Nimm Jobs an, bei denen du denkst, dafür noch nicht bereit zu sein. Übernehme Verantwortung für ein Team. Starte nach längerer Pause wieder in das Berufsleben. Du wirst merken, dass kaltes Wasser sehr erfrischend sein kann, das Selbstvertrauen stärkt, die Eigen- wie Fremdwahrnehmung fördert und Lust auf Mehr macht. Tolle Erfolgserlebnisse und Selbstwirksamkeitserfahrungen stärken dich mental und zudem deine Resilienz. Mit dem richtigen Mindset schaffst du es. Dein Wachstum beginnt außerhalb der Komfortzone. Erst dort wirst du merken, wozu du alles fähig bist, was in dir steckt und wo deine versteckten Talente und Leidenschaften liegen.[13]

Wenn du mal wieder vor einer Entscheidung stehst und nicht weißt, ob du den neuen Schritt wagen sollst, können dir folgende Gedanken helfen:

- Wann hast du das letzte Mal etwas zum allerersten Mal gemacht?
- Du wächst in die Rolle hinein. Alle haben klein angefangen.
- Du gibst dein Bestes und misst dich nicht an anderen.
- Du kennst deine Stärken und vertraust auf sie.
- Es kommt nie die richtige Zeit. Warum nicht jetzt?
- Du supportest dein persönliches Wachstum, und Hürden gehören zum Lernen dazu.
- Wer lernt, rostet nicht. Zu alt/jung gibt es nicht.
- Neues Erleben birgt viele neue Türen und Optionen.
- Don't limit your challenges, challenge your limits.

[13] Tom Senninger (2021): Abenteuer leiten – in Abenteuern lernen. Münster: Ökotopia Verlag.

Von der Komfortzone zur Lernzone

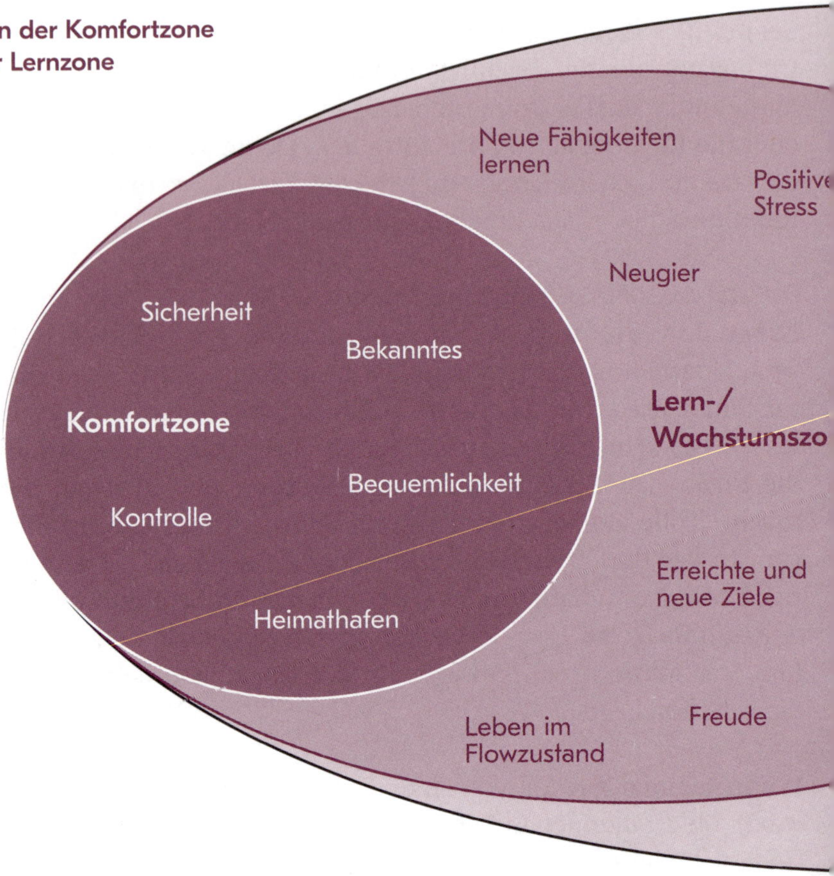

FANG KLEIN AN

Nimm dir Situationen vor, die nicht so kalt und tief wirken. Stell dir vor, wie du nach der Sauna erst den linken, dann den rechten Arm, dann die Beine und erst zum Schluss den ganzen Körper kalt abduschst. Ganz Mutige springen direkt ins Tauchbecken. Stärke dein Selbstwertgefühl, indem du dir überlegst, was du noch nie gemacht hast, und mache es einfach. Du sagst in bestimmten Meetings nichts, hast aber gute Ideen? Bring dich ein! Such dir Support für deine Themen. Du musst nicht alle Erfahrungen allein machen. Erfrage andere Meinungen zu Erfahrungen, um dein Ziel zu prüfen.

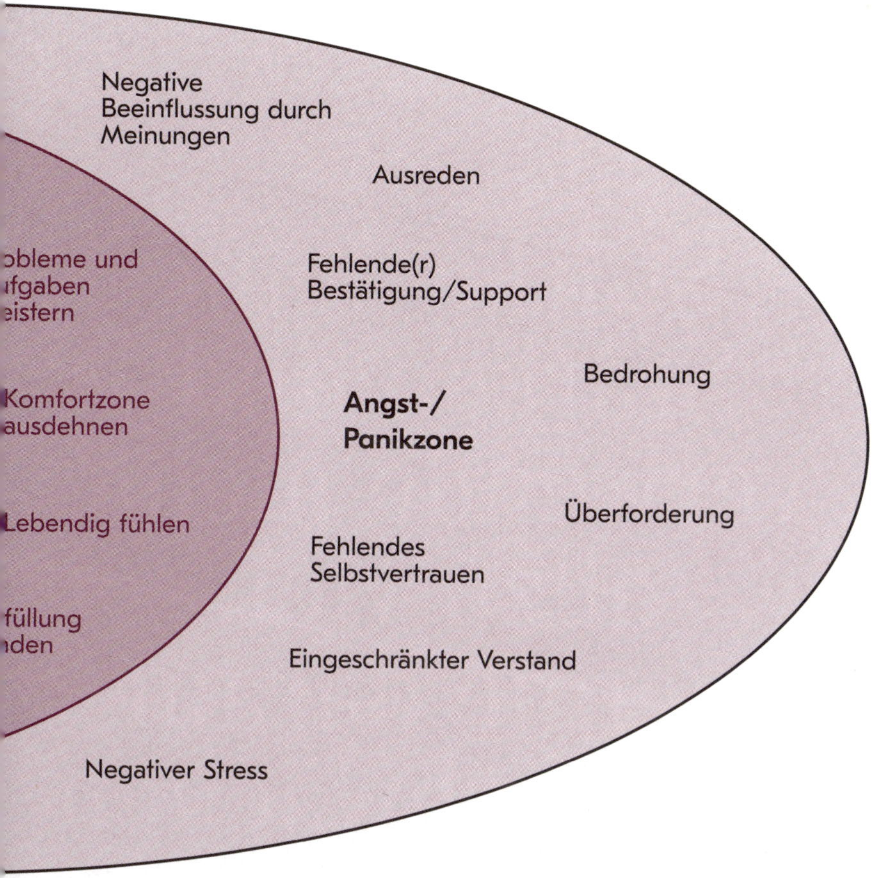

Das Verlassen deiner Komfortzone kann dir das Folgende eröffnen:
- Dir zeigen sich neue Chancen und Wege.
- Neue Erfahrungen erweitern deinen Erfahrungsschatz.
- Ängste verwandeln sich in Erfolgsmomente.
- Spontanität ist eine deiner neuen Eigenschaften.
- Stärken werden zu soliden und belastbaren Stärken.
- Neue Potenziale und Seiten deiner Person werden ersichtlich.
- Träume werden zur Realität und greifbar.
- Dein Leben wird sich dauerhaft zum Positiven verändern.

„Stärke deine Stärken und verwende nicht allzu viel Energie darauf, deine Schwächen auszumerzen."

DR. TANJA HAUPT

Dipl.-Psychologin und Senior Consultant
Cross Consult GbR

Interview mit **JENNIFER FÄRBER**

Geschäftsführende Gesellschafterin
RHO KOMBUCHA

> Gute Dinge im Leben
> brauchen Zeit
> zum Fermentieren.

LinkedIn

Mit 26 Jahren mal eben gründen? Na klar!

PERSÖNLICHE INSIGHTS UND TIPPS

Jennifer Färber, Gründerin von RHO KOMBUCHA, hat sich zum Gespräch mit Alexandra Mistele getroffen.

Hallo Jennifer, schön, dass du dir heute Zeit genommen hast, uns von deinen Erfahrungen zu berichten. Du hast RHO KOMBUCHA gegründet und du erzählst uns davon, wie es dir gelungen ist, nicht nur dein Business weiterzuentwickeln, sondern auch dich. Bevor wir auf dein Business eingehen, ein paar Fragen, um dich persönlich besser kennenzulernen.

Als was warst du tätig, bevor du gegründet hast?
Vor meiner Gründung habe ich mein zweites Studium abgeschlossen im Bereich Brand Management. Davor habe ich zwei Jahre in New York als Assistentin gearbeitet und davor ein duales Studium bei Mercedes Benz absolviert.

Wie hast du das Thema Karriere wahrgenommen?
Früher habe ich immer geglaubt, dass Karriere etwas mit Geldverdienen zu tun hat und das am besten in einem Großkonzern in einer Position mit viel Verantwortung. Mittlerweile hat sich meine Einstellung zum „Karrieremachen“ geändert. Heute bedeutet es für mich, ein selbstbestimmtes Leben zu führen, eigene Entscheidungen zu treffen und Sinn in der eigenen Arbeit zu finden. Geldverdienen kommt ganz von allein dazu, wenn man gut ist in seinem Job.

Wie groß war dein Netzwerk bzw. warst du bereits aktiv in Netzwerken?
Ich bin nach dem Studium mit der Gründung komplett ins kalte Wasser gesprungen und hatte kein aktives Netzwerk, auf welches ich bei der Gründung zurückgreifen konnte. Das entwickelte sich erst mit den Jahren. Allerdings sehr schleppend, weil ich die ersten Jahre sieben Tage die Woche gearbeitet habe und nicht so viel Zeit hatte, um auf Veranstaltungen zu gehen.

Wer sind deine Vorbilder und warum?
Meine Mutter, weil sie einfach so eine starke, belastbare, fleißige und gleichzeitig so herzliche Frau ist und mir gute Werte mitgegeben hat. Diese haben zwar wenig mit Unternehmertum zu tun, es ist aber trotzdem von nicht zu unterschätzendem Wert, als Gründer:in ein gutes Fundament mitbekommen zu haben.

Rita Mirliauntas, meine Gründungsmentorin: Rita hat selbst schon Unternehmen gegründet und hat von Anfang an an mich geglaubt. Sie bringt ein besonderes „Skillset“ mit. Auf der einen Seite ist sie sehr unternehmerisch denkend aber gleichzeitig herzlich mit einer gesunden Schippe Humor. Es ist eine nicht zu unterschätzende Charaktereigenschaft, gerade in Krisenzeiten das Lachen nicht zu verlieren.

Tina Müller: Ihre Bücher habe ich schon im Studium gelesen. Einfach faszinierend, was sie schon alles erreicht hat – gerade im Bereich Brand Management.

Lady Gaga: Ihre Songs und ihr Kleidungsstil sind ganz lustig, aber bei ihr geht es eher darum, was sie für mich symbolisiert: eine Frau, die ihr eigenes Ding durchgezogen hat. Die viele Absagen bekommen und trotzdem weitergemacht hat und dadurch erfolgreich geworden ist.

Was ist RHO KOMBUCHA?

Die Kombination aus einer diagnostizierten Autoimmunkrankheit, das daraus resultierende Interesse für das Thema Darmgesundheit und die Liebe für gute Lebensmittel trieben mich 2018 an, mich selbstständig zu machen. Kombucha, ein fermentiertes Teegetränk, sollte mit einer modernen Marke wieder zum Leben erweckt werden und sein altes und verstaubtes Image loswerden. Kombucha als Produkt fasziniert mich sehr, da es sehr einfach, ehrlich und trotzdem inhaltlich so hochkomplex ist. Es bringt nicht nur Genuss mit sich, sondern auch eine wohltuende Wirkung auf den Organismus. Vor allem lehrte es mich während meiner Gründungsphase, dass gute Dinge im Leben Zeit benötigen, um zu „fermentieren".

Nun zu deinem Business. Womit hast du dich 2018 mit 26 Jahren selbstständig gemacht?
Ich habe eine Social-Impact-Manufaktur für Kombucha-Herstellung gegründet. Wir haben hochwertigen und leckeren Kombucha selber hergestellt. Gleichzeitig haben Menschen mit psychischem und/oder physischem Handicap die Möglichkeit, einen Job direkt in unserer Manufaktur zu erhalten. Als unmittelbare Mitglieder in unserem Team konnten wir sie gezielt darin unterstützen, sich in ihren Fähigkeiten weiterzuentwickeln. Dabei haben wir auf Produktseite einen innovativen Herstellungsprozess entwickelt, den es vorher auf dem Markt noch nicht gab.

Wie bist du auf diese Geschäftsidee gekommen, Kombucha selbst zu produzieren?
Auf der einen Seite war da meine Autoimmunkrankheit, wegen der ich mich zwangsweise viel über Gesundheitsthemen erkun-

digen musste – auf der anderen Seite die Leidenschaft für innovative Lebensmittel und gut aufgebaute Lebensmittelmarken. Ich habe zwei Jahre in New York gelebt und dort gesehen, wie viele innovative Lebensmittel es schon gibt. Auch das hat mich inspiriert.

Wenn du an die Anfangszeit zurückdenkst, in der du als Quereinsteigerin ein Unternehmen mit Manufaktur und Produktion gestartet und mit dem sozialen Projekt „alsterarbeit“ kooperiert hast: Wie hast du dir das ganze Wissen angeeignet?

Bei mikrobiologischen und technischen Themen habe ich gute Berater:innen gehabt, die mich unterstützt haben. Es hat aber lange gedauert, bis ich die richtigen Leute getroffen habe. Zäh war auch der Aufbau der Manufaktur, der insgesamt zwölf Monate gebraucht hat. Bei der Betreuung der Teammitglieder mit Handicap hatte ich auch einen sogenannten „Job-Coach“, einen Coach mit pädagogischem Fachwissen, der mir geholfen hat, die richtigen Entscheidungen zu treffen. Das ganze Vertriebs-, HR- und Finanzwissen habe ich mir selbst angeeignet.

Hattest du Sparrings-Partner:innen, Co-Founder oder Supporter in der Anfangszeit?

Einen Co-Founder gab es zu Beginn. Dieser ist aber ein Jahr später ausgestiegen. Das war im Übrigen die größte Herausforderung für mich, weil ich wenig technisches Fachwissen hatte und dies sein Verantwortungsbereich war. Sparrings-Partner:innen habe ich jetzt für jeden Bereich, aber auch da hat es lange gedauert, die richtigen Leute zu finden, denen ich vertrauen kann.

Wie hast du dich selbst im „kalten Wasser“ motiviert?

An Eigenmotivation hat es bei mir noch nie gefehlt, jedoch muss ich ehrlicherweise sagen, dass Angst vor falschen Entscheidungen und Existenzängste nicht unerheblich waren. Ich habe in jungen Jahren einen Kredit aufgenommen und diesen galt es abzuzahlen. Wenn meine eigene Motivation nicht mehr gereicht hat, dann spätestens die Angst, den Kredit nicht bedienen zu können.

Wie hast du Produktion, Vertrieb, Marketing, soziale Kooperation und dich strukturiert?
80 Prozent meiner eigenen Kapazitäten flossen zu Beginn ins operative Geschäft. Ich hatte von Beginn an einen engen Bezug zum Produkt, was mir sehr zugutekam. Dadurch konnte ich mir grundlegende mikrobiologische Kenntnisse aneignen und intensiv in Forschung und Entwicklung eintauchen. Da wir bedächtig und organisch gewachsen sind, konnte ich es mir auch leisten, viel Zeit in das Produkt zu investieren. Für Marketing habe ich gezielt Praktikant:innen und Werkstudent:innen an Bord geholt. Den Vertrieb habe ich in die Hände von erfahrenen Vertriebler:innen gelegt, die mir zu Beginn das notwendige Wissen vermittelt haben, da die Getränkeindustrie für mich Neuland war.

Als dein Co-Founder ausgestiegen ist, was hat dich dazu motiviert, allein weiterzumachen?
Die Liebe zum Produkt auf der einen Seite, der Kredit auf der anderen Seite. Und grundsätzlich gehöre ich zu den Menschen, die etwas durchziehen, wenn sie etwas anfangen. Das kann helfen – aber ich muss im Nachhinein sagen, dass ich in der Zeit stark vom Leben auf die Probe gestellt wurde. Viel Arbeit, wenig Kapital und auch nicht so viele Menschen, die an das geglaubt haben, was ich gemacht habe. Das war eine sehr prägende Zeit für mich.

Wie hat sich dein Business seit dem Start verändert?
Die Manufaktur habe ich verkauft, weil wir mit der Produktion nicht mehr hinterhergekommen sind. Das Team haben wir komplett neu strukturiert und auch die Produkte ganz neu entwickelt. Zudem haben wir unsere Zusammenarbeit mit „alsterarbeit" neu strukturiert und nun vollständige Teile der Wertschöpfungskette an das Team dort ausgelagert. Ich selbst verbringe jetzt mehr Zeit im Vertrieb. Generell ist es mein Ziel, mehr unter die Men-

schen zu kommen, um von Kombucha zu erzählen. Sei es auf Veranstaltungen, über Social Media oder durch Kooperationen mit anderen Unternehmen.

Wie schaffst du es, überall aktiv zu sein (Social Media, Vertrieb etc.)?
Mit einem gut geführten Terminkalender und gutem Zeitmanagement! Außerdem stelle ich mir wöchentlich die Fragen: Wie kann ich produktiver und effizienter arbeiten? Und welche Aufgaben kann ich delegieren? Das Ziel von Gründer:innen sollte es sein, am Unternehmen, nicht im Unternehmen zu arbeiten. Das ist die größte Herausforderung. Gerade dann, wenn noch nicht so viel Kapital da ist, um etwas abzugeben.

Hat deine Autoimmunkrankheit die Sicht auf Business und auf das, was wichtig ist im Leben, verändert?
Auf jeden Fall. Priorität Nummer 1 ist meine körperliche und mentale Gesundheit. Generell raten Ärzt:innen bei meiner Krankheit von Firmengründungen ab, da sie einen enormen Energieaufwand bedeuten. Doch nach meiner Diagnose habe ich irgendwie eine richtige „Jetzt erst recht“-Mentalität entwickelt. Dass ich an der Hashimoto-Krankheit leide, merken mir die meisten Menschen nicht an.

Nun zu deinen Erfahrungen im Rahmen der Gründung und im alltäglichen Business. Was sind aus deiner Sicht Vorteile eines eigenen Business?
Man lernt sich selbst besser kennen, weil man öfter in Grenzmomente kommt. Das ist wie Therapie, nur günstiger und effektiver, sage ich immer. Aber vor allem habe ich mir ein selbstbestimmtes Leben aufgebaut, in dem ich selbst entscheiden kann, mit wem ich zusammenarbeiten möchte und mit wem nicht. Auch ein wichtiges Privileg!

Sind „kalte Wasser“ immer sinnvoll?
Mir hätte es mit 26 nicht geschadet, wenn ich direkt von Anfang an eine Mentorin gehabt hätte. Das kam bei mir erst ein paar Jahre später. Dadurch bin ich zwar früher resilient geworden, aber hatte viele schlaflose Nächte.

Was empfiehlst du Menschen, die sich selbstständig machen wollen?
Eine klare „Finanzvision“ zu entwickeln, bevor das Unternehmen gegründet wird. Es gibt so viele Möglichkeiten, ein solides und gesundes Unternehmen aufzubauen, sodass Venture Capital[14] nicht immer der einzige Weg ist, um zu wachsen. Komischerweise habe ich am Anfang gedacht, dass es nur mit Venture Capital funktioniert, und wenn ich mir andere Start-ups anschaue, die frisch gegründet haben, erkenne ich die gleichen Gedankenmuster. Zu viel Geld wird verbrannt in HR, unnötigem Marketing und dem Wunsch, schnell wachsen zu wollen, anstatt ein gesundes und profitables Business aufzubauen und nur dann Geld auszugeben, wenn auch mehr Umsatz generiert wird. Je nach Geschäftsmodell halte ich es für völlig legitim, sich zum Beispiel einen Teilzeitjob zu suchen, um die Fixkosten so gering wie möglich zu halten. In meinem Fall war das nicht möglich, weil die Startinvestition zu hoch war und ich mir zum Ziel gesetzt habe, eine komplett neue Kategorie in Deutschland aufzubauen. Auch empfehle ich, sich am Anfang klar auf einen Vertriebskanal zu fokussieren, denn die wenigsten Start-ups mit physischen Produkten sind in der Lage, sowohl Offline- als auch Online-Vertrieb gleichzeitig zu gewährleisten. Dies war auch mein größter Fehler. Das Ziel muss aber ganz klar sein, nicht im, sondern am Business zu arbeiten.

[14] Venture Capital bedeutet „Risiko- oder Wagniskapital“ und kommt bei der Finanzierung von jungen Unternehmen (Start-ups) zum Einsatz.

Was empfiehlst du Menschen, die ihre Karriere aktiv gestalten wollen?
Aktiv daran arbeiten, mit „Menschen“ und sich selbst „besser“ zu werden. Damit möchte ich sagen, dass Coaching eine gute Investition ist. Und dass man generell mit Menschen Zeit verbringen sollte, die man als Vorbild sieht. Wenn man noch sehr jung ist, kann das zum Beispiel heißen, viele Praktika zu machen bei den Menschen, die einen inspirieren. Habe ich auch so gemacht.

Welche Rolle spielt das Thema mentale Gesundheit in der Selbstständigkeit? Was hat dir dabei geholfen, ausgeglichen zu bleiben?
Eine sehr große Rolle. 2020 hatte ich meine ersten Panikattacken – da kam Meditation ins Spiel. Mein absoluter Gamechanger. Seitdem fahre ich zum Beispiel öfter auf ein Schweigeseminar oder schaue eine Stunde vor dem Schlafengehen und eine Stunde nach dem Aufstehen nicht auf das Handy. Auch musste ich mich von einigen toxischen Menschen aus meinem Umfeld verabschieden, weil mir der Kontakt nicht gutgetan hat – gehört auch alles zu Mental Health. Die richtige Ernährung für einen ausgeglichenen Hormonhauhalt zu etablieren kann auch vorteilhaft sein. Ich esse zum Beispiel kein Gluten, trinke so gut wie gar keinen Kaffee oder Alkohol. Am Ende ist alles miteinander verbunden.

Welche Erfahrung hast du im Laufe der Zeit mit Netzwerken gemacht?
Gute Kontakte schaden nur dem, der sie nicht hat, sagt mein Coach immer. Es hat lange gedauert, mir ein gutes Netzwerk aufzubauen, aber ich glaube, dass es sehr wichtig ist. Man sollte es aber auch nicht unnatürlich forcieren. Wenn es sich nicht natürlich anfühlt, ist es Selbstsabotage. Und wenn die Person mir gegenüber eine negative Energie ausstrahlt, will ich auch nicht um jeden Preis ihre Visitenkarte haben.

Was sind deine 5 Top Tipps fürs Netzwerken?

1. **Accountability-Partner:in:** Wenn du kein Netzwerk mit Gründer:innen hast, ist LinkedIn ein guter Anfang. Es müssen auch nicht viele sein, sondern ein bis zwei gute Menschen, die dir ein bis zwei Schritte voraus sind. Damit kommt eine Form von Leichtigkeit einher, weil du merken wirst, dass andere genau das schon durchgemacht haben, was gerade auf dich zukommt. Alles halb so schlimm!
2. **Coaching/Mentorin:** Ein Business aufzubauen heißt auch immer, mit Menschen zu arbeiten und Menschen zu führen. Deswegen ist es wichtig, sich stetig im Umgang mit sich selbst und anderen Menschen weiterzuentwickeln.
3. **Zeit für dich:** Du bist die wichtigste Ressource. Zeit zum Reflektieren. Auch wenn ich es am Anfang selbst nicht gemacht habe, kann ich es nur empfehlen.
4. **Ein Team, das sich ergänzt:** Planlos fängt der Plan an, wenn Gründer:innen-Teams, die sich aus dem Studium kennen, den gleichen (fehlenden) Wissensstand haben und sich in ihren Kompetenzen und Fähigkeiten nicht ergänzen. Sehe ich ganz oft bei Gründer:innen – sehr kontraproduktiv. Such dir jemanden an deiner Seite aus, der dich, deinen Charakter und deine Fähigkeit ergänzt.
5. **Die Chemie zwischen Gründer:innen und Investor:innen muss stimmen:** Die Metriken im Vertrag sind fast immer die gleichen. Aber zwischenmenschliche Beziehungen kann man vertraglich nicht regeln. Um mal ein Geschäft zu machen, muss man sich nicht mögen. Aber gemeinsam eine Firma zu steuern, das ist wie eine Beziehung oder Ehe. Da brauchst du eine gesunde Streitkultur, jederzeitige Wertschätzung und Respekt sowie die Fähigkeit, anderen zu verzeihen, wenn ein Fehler passiert. Dann verliert man das gemeinsame Ziel nicht aus den Augen.

Liebe Jennifer, ganz herzlichen Dank für deine wertvollen Einblicke! Wir wünschen dir weiterhin viel Erfolg!

„Die Erreichung von Karrierezielen erfordert Mut, sich kontinuierlich neuen und vielfältigen Herausforderungen zu stellen. Denn in der Expansion unserer Komfortzone liegt der Schlüssel zum persönlichen und beruflichen Wachstum."

DR. REBECCA KOCH

Chief People Officer Europe, DB Schenker AG

PAULA WINTER

Senior Consultant
Business Transformation

> Sei mutig. Sei du selbst.
> Sei abenteuerlustig.
> Hab große Träume.
> Verlieb dich. Bleib verrückt.
> Sei frei. Sei du selbst.
> *(Unbekannt)*

LinkedIn

Ja und Nein sagen

WENN ES KEIN „HELL YES!" IST, IST ES EIN „NOPE"

„Nein" sagen fällt häufig schwer. Doch woran liegt das? Oft steckt das Phänomen „People Pleasing" dahinter. Dieses beschreibt die Angst vor Ablehnung, Disharmonie oder davor, jemanden zu enttäuschen. „People Pleasing" steckt in den Köpfen vieler Menschen und beeinflusst deren Reaktionsart, sowohl im beruflichen als auch im privaten Umfeld.

Die Wurzeln von „People Pleasing" reichen bis weit in unsere Kindheit. Etwas vereinfacht: Wer in der Trotzphase gelernt hat, dass Nein-Sagen Ärger bedeutet, passt sich dem Willen der Eltern an und entwickelt kein autonomes Selbst. Manche Kinder haben gelernt, dass sie nur wahrgenommen werden, wenn sie etwas für andere getan haben, und holen sich im Erwachsenenalter durch Ja-Sagen Bestätigung, um sich ihrer persönlichen Bedeutung zu vergewissern.

Es gibt viele Erklärungen, warum ein Ja die erste Wahl sein kann. Es ist jedoch wichtig zu verstehen, dass es in manchen Situationen auch vorteilhaft ist, Nein zu sagen. Dieses Kapitel trägt dazu bei, die Vorteile zu verstehen und reflektieren zu können, wann welche Antwort die bessere Wahl darstellt.

„PEOPLE PLEASING" IM ALLTAG EINER BERATERIN

Auch für mich hat das Thema „People Pleasing" einen besonderen Stellenwert. Mein persönlicher Antrieb, mich mit dem Thema zu beschäftigen, liegt in dem Wunsch, eine ausgeglichene Work-Life-Balance und Freude an der Arbeit zu haben, einen tollen Job zu machen und gleichzeitig von Kolleg:innen für meine Leistungen wertgeschätzt zu werden. All diesen Punkten gleichzeitig das gleiche Maß an Aufmerksamkeit zu schenken, gelingt mir nur, wenn ich mir ein Bewusstsein für meine Grenzen, Stärken und Schwächen sowie Bedürfnisse schaffe.

In der heutigen schnelllebigen Welt der dauerhaften Erreichbarkeit bringe ich in meinem Job als Beraterin gerne Projekte voran – wenn es nach manchen Kund:innen geht, am besten rund um die Uhr. Doch sowohl meine Karriere als auch meine Projekte sind kein Sprint, sondern ein Marathon: Es gilt, langfristig leistungsfähig zu bleiben. Um dies zu erreichen, ist es essenziell, dass ich mir meine Kräfte einteile, indem ich Grenzen klar definiere, Themen und Aufgaben priorisiere und dies an meine Mitmenschen kommuniziere. Ein unverzichtbarerer Bestandteil dieser Herangehensweise ist das souveräne und selbstbewusste Nein-Sagen.

WIE WEISS ICH, OB EIN JA ODER NEIN „RICHTIG" IST?

Ich persönlich habe immer davon profitiert, auf mein Bauchgefühl zu achten. Das Bauchgefühl hilft mir dabei, zu erkennen, was ich gerne antworten möchte. Wenn das Bauchgefühl immer Ja sagt, hilft es mir, zu prüfen, woran das liegen könnte. Ist es, wie zu Beginn das Kapitels beschrieben, der Wunsch, es allen recht machen und von allen gemocht zu werden? Ist es die Angst vor möglichen Konsequenzen?

Eine Auseinandersetzung mit den eigenen Werten und Grundüberzeugungen hilft, sich selbst zu hinterfragen und ggf. ein neues Bauchgefühl zu entwickeln. Durch Übung wird das Nein-Sagen leichter und das eigene Bauchgefühl verändert sich.

Des Weiteren hilft es, sich selbst zu fragen: Was habe ich gewonnen, wenn ich Ja sage? Das ständige Ja-Sagen kann die Priorisierung bestimmter Aufgaben ruinieren. In den Worten von Mark Manson: Wenn es kein „Fuck Yes" ist, dann ist es ein Nein.

BEWUSSTES NEIN-SAGEN

Um zu erkennen, wann Nein-Sagen sinnvoll ist, ist es notwendig, sich selbst zu kennen. Wieso fällt es schwer, Nein zu sagen? Ist es die Angst, etwas zu versäumen, besonders im privaten Umfeld bekannt als FOMO („Fear of missing out")? Ist es das Bedürfnis, gebraucht zu werden, oder die Sorge, dass ohne einen selbst nichts läuft? Oder soll das Nein nicht egoistisch wirken? Oder möchte ich gefallen und gemocht werden?

Zudem sollten die eigene aktuelle To-do Liste sowie Prioritäten bekannt sein. Diese kontinuierlich mit den eigenen Zielen sowie dem Blick auf die gesamthafte Sinnhaftigkeit abzugleichen ist wichtig und erleichtert dann das Priorisieren und Nein-Sagen.

Um im beruflichen Kontext zu entscheiden, wann Ja- oder Nein-Sagen angebracht ist, braucht es beispielsweise die Einschätzung, wie viel Zeit zur Erledigung von Aufgaben nötig ist. Außerdem ist es wichtig, einzuschätzen, ob der für eine Aufgabe vorgegebene Zeithorizont überhaupt realistisch ist, denn Dinge, denen zugesagt wurde, sollten eingehalten werden. Bei einer großen Menge an Aufgaben hilft es außerdem, um Unterstützung bei der Priorisierung zu bitten. In der Arbeitswelt ist es eine wichtige Kompetenz, zu erkennen, worauf es wirklich ankommt und welche Aufgaben demnach wirklich wichtig sind.

AUSWIRKUNGEN DES BEWUSSTEN JA- ODER NEIN-SAGENS

Bewusstes Ja- oder Nein-Sagen hat mehrere Vorteile. Dazu zählen Zeitersparnis, Schärfung des eigenen Fokus, Selbstbestimmung und -schutz, Kompetenzwahrnehmung, Stressabbau, Selbstfürsorge, Selbstzufriedenheit sowie Wertschätzung. Wenn die eigenen Kompetenzen bewusst wahrgenommen werden, kann der eigene Fokus geschärft und Raum für eigene Bedürfnisse und Prioritäten geschaffen werden, denn ein Nein zu anderen ist gleichzeitig ein Ja zu dir selbst. Je besser das eigene Wohlbefinden, desto mehr Energie kann in die Dinge investiert werden, die für einen selbst wichtig sind. Damit wird das Leben mehr selbst- als fremdbestimmt. Das wiederum ermöglicht den Beginn eines positiven Kreislaufes. Der Stresslevel sinkt und Zeit kann sinnvoller genutzt werden. Im Idealfall kann das Umfeld die Unterstützung im Falle des Ja-Sagens dann umso mehr wertschätzen, wenn auch mal Nein gesagt wurde.

Eine weitere positive Folge des bewussten Ja- oder Nein-Sagens ist der zunehmende Respekt, der dadurch unter anderem bei Freund:innen, Kolleg:innen und Vorgesetzten eintritt. Das Umfeld lernt einzuschätzen, dass ein Ja ein Ja ist, auf das sie sich verlassen können, und ein Nein ein begründetes Nein. Typische Ja-Sager werden häufig nicht sonderlich ernst genommen, deswegen kann Nein-Sagen dabei helfen, die Wahrnehmung des Umfelds zur eigenen Person zu verändern.

Es ist möglich, dass eine Person ein Nein nicht akzeptiert oder kein Verständnis aufbringt. Auch Empörung oder Wut können Reaktionen auf ein Nein sein, das gilt es einzukalkulieren. Gleichzeitig ist es wichtig, dem eigenen Standpunkt treu zu bleiben und darauf zu vertrauen, dass sich die Situation wieder beruhigt und keine langfristig unangenehme Stimmung herrscht. Wenn die Reaktion auf ein freundliches Nein unangemessen ist, kann dies emotionale Erpressung sein.

TIPPS ZUR ENTSCHEIDUNG UND FORMULIERUNG EINES NEINS

Bei der Entscheidung, Ja oder Nein zu sagen, hilft es, vorausschauend zu denken und frühzeitig mit Bitten/Aufforderungen zu rechnen sowie potenzielle Antworten bereits vorab zu formulieren. Zudem ist es sinnvoll, sich bewusst zu sein, was das eigene „große Ja" ist, das heißt, auf welches persönliche Ziel konkret hingearbeitet wird und was der eigene Sinn des Arbeitens ist. Zudem hilft es, sich mit den eigenen Werten auseinanderzusetzen, um somit das eigene Ziel zu erkennen und den Fokus zu schärfen. Was ist dein Ziel? Wozu möchtest du Ja sagen?

WIE SAGE ICH NEIN?

1. Ich sage einfach Nein

Am besten ist das Nein klar, eindeutig, ruhig, höflich und freundlich formuliert. Dabei kann die Entscheidung noch begründet werden, um die Akzeptanz des Neins beim Gegenüber zu erhöhen. Beispielhafte Formulierungen hierfür sind:

- „Nein."
- „Ich würde gerne helfen, es geht leider nicht."
- „Nein, aber danke fürs Fragen."
- „Das geht leider nicht, da ich dann andere Dinge vernachlässigen müsste, die ebenfalls Priorität haben."

2. Ich sage jetzt nicht Nein

Es ist es durchaus möglich und hilfreich, sich Bedenkzeit zu nehmen, um zu prüfen, ob die Antwort Ja oder Nein lauten soll. Denn Nein muss nicht „Nie" heißen. Beispielhafte Formulierungen hierfür sind:

- „Du, sorry, das kann ich jetzt nicht entscheiden, ich komme wieder auf dich zu."
- „Bitte gib mir einen Moment Bedenkzeit, um entscheiden zu können, ob ich die Aufgabe ..."
- „Ich kann das gerade nicht entscheiden. Bitte komme doch dann und dann noch einmal auf mich zu."
- „Sei mir nicht böse, aber ich bin gerade mit anderen, mir wichtigen Themen beschäftigt."
- „Ich kann dir leider gerade nicht helfen, da ..."

3. Ich nutze das „Bedingungs-Ja"

Das „Bedingungs-Ja" kann ein Zwischenweg sein, um zwar Ja zu sagen, aber dies zu den eigenen Bedingungen, wie zum Beispiel „Ja – aber zu einem späteren Zeitpunkt" oder „Ja – mit Unterstützung". Beispielhafte Formulierungen hierfür sind:

- „Ja, ich kann dir helfen, bei mir geht es wieder ab Montag. Hilft dir das?“
- „Ich kann die Aufgabe übernehmen, aber erst zu einem späteren Zeitpunkt.“
- „Danke, dass du mich für die Aufgabe in Betracht ziehst, aber ich habe gerade andere Themen priorisiert, die ich zunächst erledigen werde. Wenn ich fertig bin, kann ich dir helfen.“
- „Eigentlich bin ich gar nicht die/der Richtige für diese Aufgabe, aber ich habe eine Idee für dich, wer dir stattdessen gut helfen könnte.“

Trotz aller Beispiele: „Nein“ ist ein ganzer Satz. Ein Nein braucht nicht immer eine Begründung, denn nicht jedes Nein-Sagen benötigt eine Rechtfertigung.

NEIN-SAGEN ALS KONTINUIERLICHER PROZESS

Es ist selbstverständlich, dass Nein-Sagen nicht von heute auf morgen leichtfällt. Auch das Umfeld benötigt Zeit, sich daran zu gewöhnen, dass es kein notorisches Ja-Sagen mehr gibt, sondern ein ausgewähltes. In der Weiterentwicklung hilft Selbstreflexion: Zu reflektieren, wie in einer Situation gehandelt, ob Ja oder Nein gesagt, wie das Empfinden währenddessen und anschließend wahrgenommen wurde, hilft dabei, sich kontinuierlich zu verbessern, vermehrt auf das Bauchgefühl hören zu können und routinierter zu handeln. Außerdem wirken sich Dankbarkeit und Erfolgsfreude nach einem ausgesprochenen Nein positiv auf den Entwicklungsprozess des Nein-Sagens aus. Oft hilft es, die Erkenntnisse aufzuschreiben und zum Beispiel ein kleines „Nein-Sagen-Tagebuch“ zu erstellen.

Literatur

Michelle Elman (2021): The Joy of Being Selfish: Why you need boundaries and how to set them. London: Welbeck.

ALEXANDRA MISTELE

Managerin Human Resources Management

LinkedIn

> Bleibe dir immer selbst treu. Nur du weißt, was zu dir passt. Lass dich nicht beirren. Du bist richtig, so wie du bist.

Mindfullness

WIRKUNG VON ACHTSAMKEIT UND STRESS AUF DIE PERSÖNLICHE ENTWICKLUNG

Einige meiner Herzensthemen, mit denen ich mich bereits vor meiner Zeit bei meinem jetzigen Unternehmen eingehend beschäftigt habe und zu denen ich sowohl akademisch als auch praktisch Erfahrungen sammeln konnte, sind: Stress, Achtsamkeit und die positive Förderung unserer Resilienz.

Mir ist nicht wichtig, dass alle zu einem Achtsamkeits-Guru werden. Mir ist wichtig, dass neben dem ganzen Streben nach Anerkennung, neben Schnelllebigkeit und Ziele-Erreichen die eigene Person nicht zu kurz kommt. Nur mit aufgeladenen Batterien lässt es sich einen Marathon laufen oder einen zusätzlichen Sprint. Wer weiß, wie die eigenen Ressourcen richtig zu nutzen und zu reaktivieren sind, hat eine ganz andere Sicht auf die Dinge und darauf, was wirklich wichtig ist.

Ständige Reize durch digitale Medien und die (gefühlte) Forderung nach Reaktionsschnelligkeit und Erreichbarkeit, zum Beispiel über die Kollaborationsplattform Microsoft Teams, nehmen zu, digitale Kalender werden voller und Ruhepausen kürzer. In dieser sich ändernden Welt wird es immer wichtiger, für sich selbst Ruhe und Erholungsmomente zu schaffen. Dies bestätigen auch die Zahlen des Gesundheitsreports 2022 der Techniker Krankenkasse: Laut dieser Statistik haben sich psychische Erkrankungen seit 2000 verdoppelt.[15]

Stressreaktionen können sich auf körperlicher, kognitiver, emotionaler Ebene und im Verhalten zeigen. Mögliche **körperliche Anzeichen** sind schneller Herzschlag, erhöhte Muskelspannung, Luftanhalten, Kopfschmerzen oder Zyklus- und sexuelle Störungen. **Kognitiv** kann sich Stress in Form von Denkblockaden, Tunnelblick, Grübeln, Ärger, Wut, aber auch in Depressionen zeigen. Innere Unruhe, Nervosität, Angst vor dem Versagen oder das Gefühl der Hilflosigkeit sind Anzeichen auf der **emotionalen** Ebene. Unkoordiniertes Arbeitsverhalten, konfliktreicher Umgang mit Mitmenschen, Betäubungsverhalten (Rauchen, Alkohol und Drogen) können Verhaltensweisen ausgelöst durch Stress sein.[16]

Nur ein ausgeruhter Geist kann auf Dauer Leistung erbringen und kreativ sein. Dieser Sachverhalt liegt in der Natur unseres Gehirns bzw. in der Evolution begründet: Was ist Stress überhaupt? Stress kann positiv, negativ, chronisch oder akut sein. Stress ist individuell, und alle Menschen gehen unterschiedlich mit Stress um, bedingt durch Vorerfahrungen, angelernter Methodik oder Sichtweisen.[17]

Täglich prasseln auf uns unzählige Reize ein, die von unserem Gehirn in Millisekunden bewertet werden. Diese Reize oder auch

[15] Vgl. https://www.tk.de/resource/blob/2125010/da11bbb6e19aa012fde9723c8008e394/gesundheitsreport-au-2022-data.pdf, zuletzt aufgerufen am 11.8.2023.

[16] Vgl. Gert Kaluza (2015): Stressbewältigung. Trainingsmanual zur psychologischen Gesundheitsförderung. Heidelberg: Springer.

[17] Vgl. Gerd Kaluza, 2015.

„Das Gehirn ist das Organ, das entscheidet, welche Erfahrung stressig ist."

Bruce McEwen

Stressoren können unterschiedlicher Natur sein. Hierbei wird unterschieden zwischen physikalischen Stressoren wie Hitze, Lärm und Kälte. Schmerz, Hunger und Durst gehören zu den körperlichen Stressoren. Leistungsanforderungen wie Unter- oder Überforderung, Prüfungen oder hohe Verantwortung gelten als mentale Stressoren. Bei sozialen Stressoren handelt es sich um Themen wie ungelöste Konflikte, Konkurrenz, Isolation, Trennung und Verluste. Insbesondere im Arbeitsalltag begegnen uns häufig mentale und soziale Stressoren.

Trifft ein solcher Stressor auf unser Gehirn, startet die **primäre Bewertung:** In der primären Bewertung werden Situationen hinsichtlich ihrer Bedeutsamkeit für das eigene Wohlbefinden eingeordnet. Situationen werden eingeschätzt als
- irrelevant,
- positiv oder
- potenziell belastend.

Eine Situation als irrelevant zu bezeichnen bedeutet, dass die Auswirkungen eines Ereignisses auf das eigene Wohlbefinden als nicht relevant angesehen werden.[18]

Eine positive Bewertung kommt dadurch zustande, dass ein Ereignis das Gefühl der Sicherheit und positiven Lage der Dinge vermittelt, wodurch Anpassungsbemühungen als nicht notwendig erachtet werden.[19]

[18] Richard S. Lazarus und Raymond Launier (1981): Stressbezogene Transaktionen zwischen Person und Umwelt. In: J. R. Nitsch (Hrsg.): Stress. Theorien, Untersuchungen, Maßnahmen. Bern: Huber, S.213–259.

[19] Richard S. Lazarus und Raymond Launier, 1981.

Wird eine Situation als belastend bewertet, erfolgt eine Unterscheidung in die folgenden drei Formen:
1. Schädigung/Verlust
2. Bedrohung
3. Herausforderung

Während sich Schädigung/Verlust auf eine bereits eingetretene Beeinträchtigung des Wohlbefindens bezieht (zum Beispiel ein gestörtes Selbstwertgefühl), bedeutet eine Bedrohung einen zu erwartenden Schaden oder Verlust für eine Person (zum Beispiel, mit den Folgen von Berufsunfähigkeit zurechtzukommen). Eine Situation wird als Herausforderung bewertet, wenn diese eine Möglichkeit für persönliches Wachstum darstellt oder mit positiven Konsequenzen verbunden ist, zum Beispiel eine Zusage in einem Bewerbungsverfahren.[20]

Primäre und sekundäre Bewertung

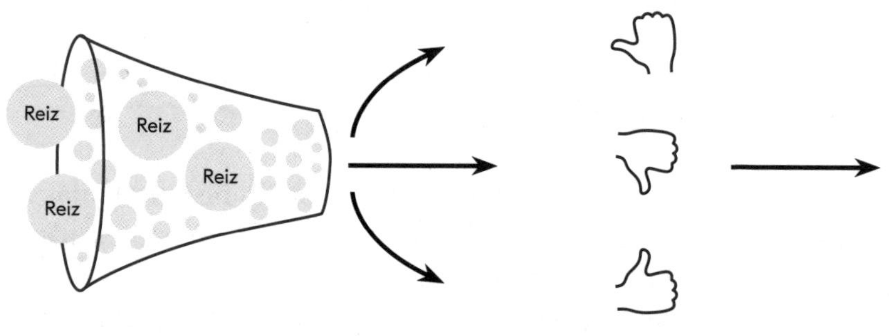

1 Reize
Reize sind alltäglich und immer präsent. Die Reaktion auf diese entscheidet, ob sie Stress auslösen

2 Primäre Bewertung
Bewertung erfolgt unbewusst/intuitiv binnen Millisekunden in der Amygdala des Gehirns

[20] Richard S. Lazarus und Raymond Launier, 1981.

In der **sekundären Bewertung** wird überprüft, ob die Situation mit den verfügbaren Ressourcen bewältigt werden kann. Nur wenn die Ressourcen als nicht ausreichend bewertet werden, wird eine Stressreaktion ausgelöst. Die primären und sekundären Bewertungsvorgänge werden als voneinander abhängig gesehen und geschehen dennoch meistens parallel zueinander. Die einzige Unterscheidung bezieht sich auf die unterschiedlichen Sachverhalte der Prozesse.[21]

Im Schritt der **Neubewertung** wird der Erfolg der Bewältigungsstrategie eingeschätzt, um eine dynamische Anpassung an die neue Situation zu gewährleisten. Eine Person, die mit einer Bedrohung umzugehen lernt, bewertet eine belastende Situation eher als Herausforderung. Umgekehrt kann eine Herausforderung zu einer Bedrohung werden, wenn keine angemessenen Bewältigungsressourcen zur Verfügung stehen.[22]

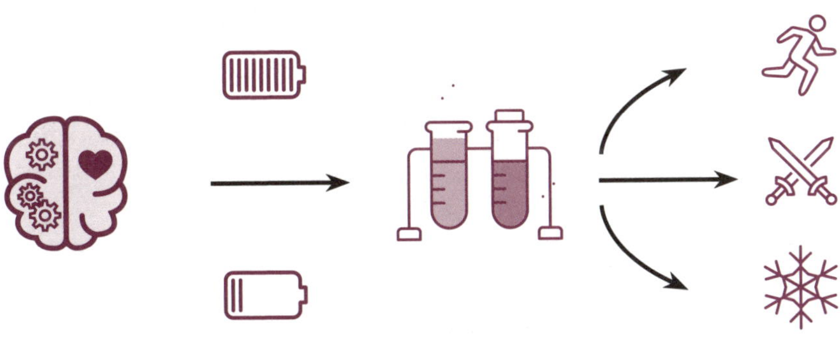

3 Sekundäre Bewertung
Bewertung erfolgt bewusst auf Basis von rationalen und emotionalen Erfahrungen/Gedanken

4 Reaktionen
1. „Flucht"
2. „Kampf"
3. „Schockstarre"

[21] Richard S. Lazarus und Raymond Launier, 1981.
[22] Richard S. Lazarus, 1995; Richard S. Lazarus und Raymond Launier, 1981.

Als weiteres zentrales Kernstück der Stresstheorie und unverzichtbarer Teil des Stressprozesses gilt das **Konzept der Bewältigung**. Der Bewältigungsprozess besitzt zwei Grundfunktionen. Zum einen den problemorientierten bzw. instrumentellen Bewältigungsversuch, der darauf abzielt, die stressauslösende Situation selbst zu verändern. Zum anderen den emotionsorientierten bzw. palliativen Bewältigungsversuch, bei dem in erster Linie versucht wird, die entstandene emotionale Erregung abzubauen.[23]

In Bezug auf diese beiden Bewältigungsfunktionen können vier verschiedene inhaltliche Formen auftreten: die konkrete Suche nach Information, eine direkte Handlung, die Unterdrückung einer Aktion sowie innerpsychische Prozesse durch Leugnung oder Verdrängung einer Belastung. Diese Bewältigungsformen können sowohl zur Regulierung der sozialen Interaktion als auch zur Emotionsregulierung angewandt werden.[24]

Dass wir Menschen in extremen Stresssituationen in eine der genannten Stadien verfallen, heißt nicht, dass wir das immer müssen bzw. jeder Reiz negativen Stress auslöst. Wir sind lernfähig und können uns an Reize anpassen. Klassisch funktioniert das über Coping-Strategien. Hierbei bewerte ich für mich situativ und emotionsorientiert im Nachgang an einen Reiz die Fragen:
- War dieser Reiz wirklich so stark wie erwartet?
- Welches Verhalten hat mich positiv bestärkt und den Reiz abgeschwächt?
- Wie kann ich in Zukunft den Reiz vermeiden/abmildern/abschwächen?

Diese Neubewertung aller Reize verhilft uns dazu, in der Zukunft mit auftretenden Reizen anders oder neutral umzugehen. Wir verändern die eintretende Bewertung des Reizes. Zusammengefasst kommt es

[23] Richard S. Lazarus 1995.

[24] Richard S. Lazarus und Raymond Launier, 1981.

Positiver Einfluss von Coping und Achtsamkeit auf die Reizbewertung

Achtsamkeit

Training von Achtsamkeit bzw. aktives achtsames Bewerten von Reizen fördert die Stress-Resilienz und füllt den Akku.

Reize

Neubewertung alter und neuer Reize mittels Coping-Strategien und angepasstem Stressempfinden durch Erfahrungen

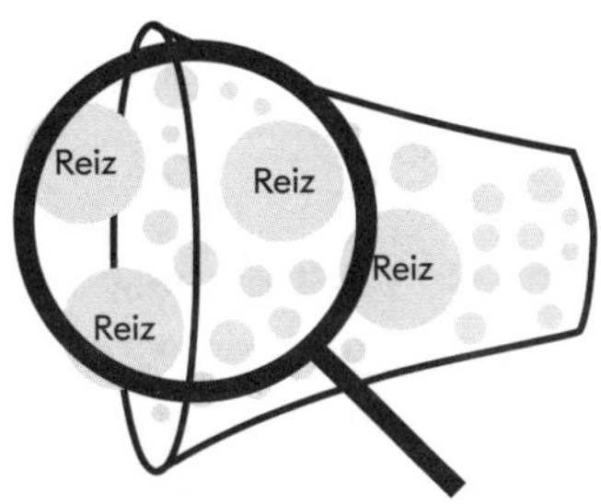

Coping-Strategien

Love it, change it, leave it

1. Problemorientiert (Situation)
2. Emotionsorientiert (innere Einstellung)

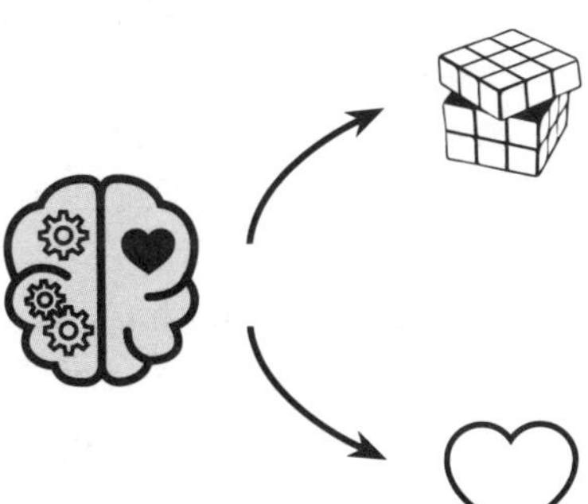

auf das Mindset des einzelnen Menschen an, wie er für sich „Stresssituationen“ bewertet. Bei der Bewertung „Herausforderung“ wächst der Mensch von Situation zu Situation und wertet zukünftige Situationen bereits bei der primären Bewertung als positiven Stress. Leave it – love it – change it – but don't suffer it.

Achtsamkeit spielt bei der Bewertung eine nicht zu unterschätzende Rolle. Nur wenn ich meine Stärken kenne, weiß, was mir guttut, und ein positives Mindset besitze, kann ich auch mit Reizen differenzierter umgehen oder die Auswirkungen im Nachgang aktiv auffangen. Sei es durch eine Runde Joggen nach einem anstrengenden Tag oder, zur Schulung des Körperbefindens, regelmäßige Entspannungsmethoden. Auch eine bewusste Tasse Tee hilft, aus einem Gedanken-Karussell auszubrechen und die aktuelle Situation einmal aus einem anderen Blickwinkel zu betrachten. Ganz nach dem Motto: Wer das Tanzen verstehen will, muss zeitweise die Tanzfläche von außen betrachten.

Nicht dass wir uns falsch verstehen: Wir brauchen ein gewisses Stresslevel, um das Beste aus uns herauszuholen, doch sollten wir uns alle fragen, was ein gesundes Level an Stress ist und wie wir achtsam mit uns umgehen können. Das Wort Achtsamkeit ist mittlerweile „ausgelutscht“. Es hat einen esoterischen Beigeschmack und wird oft falsch verstanden. Für mich geht der Begriff nicht weit genug. Unser Gehirn verarbeitet alle Eindrücke und löst Herausforderungen in Ruhepausen oder im Schlaf. Warum ihm nicht bewusst Zeit einräumen, um zu verarbeiten und so die nächste Stufe auf unserem Weg zum Ziel zu nehmen?

Achtsamkeit ist für mich eine Kombination aus drei Aspekten:

1. **Dem Wissen über mich als Person, beruflich wie privat:** Wer bin ich? Was will ich (erreichen)? Wo stehe ich gerade? Was brauche ich in der aktuellen Situation?
2. **Der Wahrnehmung meiner Gegenüber:** Was erwarten sie? Will ich diesen Erwartungen gerecht werden? Werden meine

Bedürfnisse berücksichtigt? Gibt es einen Kompromiss? Ist es Zeit für gesunden Egoismus?

3. **Dem aktiven Bewusstsein bzw. der Wahrnehmung meines aktuellen Stress-/Entspanntheitslevel:** Bin ich entspannt? Brauche ich eine Pause? Muss das Stresslevel gerade so sein? Woher kommt der Stress?

Wenn ich auf meine berufliche Laufbahn zurückschaue, kann ich sagen, dass mir persönlich Folgendes in den letzten Jahren sehr geholfen hat:

1. Die bewusste und kontinuierliche Auseinandersetzung mit meinen Stressoren
2. Das Festigen von unterstützenden Mechanismen
3. Das Betrachten von unbekannten Situationen als Herausforderungen

Im Speziellen hat mir der Kurs EFT (Emotional Freedom Techniques) von Béatrice Gloor, den mein Unternehmen seinen Mitarbeitenden anbietet, sehr geholfen. Hier habe ich mich in kleiner Gruppe konstant über Monate hinweg immer wieder meinen inneren Stressoren gewidmet. Habe mich ihnen mit Hilfe dieser Technik und den Gesprächen im Kurs entgegengestellt und sie analysiert. Wir haben Lösungen diskutiert oder einfach nur transparent gemacht. Davor erlag ich oft meinem Ehrgeiz und dem Streben nach Anerkennung, wohl wissend, dabei meine Grenzen körperlich wie geistig (weit) zu überschreiten. Oft habe ich mich von dem Stress überwältigen lassen. Erst später entlud sich der Stress durch Tränen. Weinen als Ventil. Ja genau, Tränen bauen Stress ab und können auch dazu führen, wieder einen klaren Kopf zu bekommen. Ich habe für mich jedoch entschieden, es erst gar nicht mehr so weit kommen zu lassen, dass mein Körper das letzte ihm verbleibende Ventil bedienen muss. Ich stehe dazu, dass ich „emotional“ bin, und zeige das auch vor Kolleg:innen, trotz der Stimmen, die sagen, im Beruf müsse man hart sein und dürfe keine Gefühle zeigen. Ich habe gelernt, dass ich das nicht bin, und stehe zu meinen Gefühlen.

Auch wenn ich mittlerweile weiß, was mir guttut und was ich tun muss, wenn der Stress überhandnimmt, heißt das nicht, dass ich heute nicht noch ab und an in meine alten Muster (zum Beispiel kopflos loslaufen, Stress und Körpersignale ignorieren) zurückfalle. Aber die Anzahl und die Auswirkungen sind nicht mehr die gleichen. Ich erkenne schneller, wann ich an Stressgrenzen komme. Ich weiß, es wird kein tiefes Loch sein, aus dem ich mich herausarbeiten muss, sondern eher ein Stolpern, Aufstehen, Staubabklopfen, ein bewusstes Wahrnehmen, eventuell eine Runde EFT. Am Ende werde ich alles wieder richtig ausloten und weitermachen.

Mein Weg vom Consultant zur Managerin war hart. Quereinstieg, keine Erfahrung in der Beratung, neues kleines Team, lediglich ein Know-how-Träger als Vorbild, viele und herausfordernde Projekte und Kund:innen. Ich habe es allein mir selbst zu verdanken, dass ich es binnen 4,5 Jahren zur Managerin geschafft habe. Geholfen hat mir mein jeher positives Mindset gegenüber Herausforderungen. In jeder neuen Situation, in jedem „kalten Wasser" sehe ich die Chance, zu wachsen, persönlich als Mensch wie fachlich. Ganz nach dem Motto: „Was ist zu tun? Ärmel hochkrempeln und los". Auch mein Leitsatz ist stets sehr hilfreich: „Was ich anfange, bringe ich auch zu Ende. Nicht zu jedem Preis, aber so, dass ich mir in die Augen schauen und sagen kann: ‚War jetzt nicht perfekt, aber ich habe gelernt und das nächste Mal wird es besser.'"

War kein weibliches Vorbild griffbereit, habe ich mir ein männliches gesucht. Ich habe viel von meinem damaligen Chef darüber gelernt, was funktioniert, aber auch, was für mich nicht funktioniert. So bin ich persönlich nicht in der Lage, mein soziales Herz komplett auszuschalten. Anfangs dachte ich, Professionalität geht nur über Härte und Distanz – denn das hat die Branche noch vor wenigen Jahren auch von Frauen verlangt. Ich habe früh gemerkt,

„Ich bin, was ich bin,
weil ich getan habe, was ich getan habe."

Elia Kazan

dass ich dann nicht ich sein kann, und angefangen auszuprobieren. Nun weiß ich, wann ich mit meiner Art in einer Situation weiterkomme und wann ich doch die „Harte“ sein will.

Fazit dieses Kapitels ist: Egal, was dir guttut, sei es eine Tasse Tee, ein Spaziergang, Mindfull-Apps, Yoga oder EFT – solange du deine Stressoren und deine Art der Achtsamkeit kennst, kannst du neuen Stressoren anders begegnen und deine Coping-Strategien weiter ausbauen. Eine Welt ohne Stressoren ist eine Welt ohne Kreativität, aber eine Welt mit mehr positiven Stressoren und einem wachen und gesundem Geist ist eine kreative Welt. Sie ermöglicht uns, im Berufsleben wie im Alltag alles zu meistern, was wir uns vornehmen.

Fragen und Aussagen, um dem Stress auf den Grund zu gehen:
– Ich gerate in Stress, wenn ...
– Wenn ich Stress habe, dann ...
– Ich setze mich selbst unter Stress, wenn ...
– Was hat mich gestresst?
– Was habe ich gedacht?
– Was habe ich gefühlt?
– Wie hat mein Körper reagiert?
– Wie habe ich reagiert?
– Was hätte ich auch denken können (positiv)?
– Wie hätte ich alternativ reagieren können?
– Was hat mir geholfen in dieser Situation?

Meine Tipps für dich
1. Fange klein an.
2. Schaue dir deine Stressoren an.
3. Schaue dir an, wann diese auftreten.
4. Finde heraus, was dir hilft, mit Stress umzugehen.
5. Trage feste Termine im Kalender ein für Auszeiten oder Sport.
6. Suche Entspannung durch Yoga, Entspannungskurse oder Sport.

Was ist EFT?

EFT oder Emotional Freedom Techniques sind Methoden, die Elemente aus der Traditionellen Chinesischen Medizin (TCM), insbesondere Akupunktur, und der modernen Psychologie miteinander kombinieren. Die Akupunktur verwendet Nadeln an diesen Stellen, um festgefahrene, stagnierende Energie freizusetzen und das System wieder ins Gleichgewicht zu bringen; die Akupressur nutzt den Fingerdruck. EFT ist die Kombination von leichtem Klopfen durch die Finger und dem An- und Aussprechen der aktuell belastenden und unangenehmen Gefühle, Gedanken oder körperlichen Symptome.

Das Klopfen erfolgt in einer bestimmten Sequenz und Reihenfolge der Akupunkturpunkte. Durch das rhythmische Klopfen wird das körpereigene Energiesystem aktiviert. Die eigene Energie kommt wieder ins Fließen, der Parasympathikus wird aktiviert und damit das Nervensystem beruhigt.

EFT ist somit eine sanfte Methode, mit der Stress, belastende Gefühle und körperliche Schmerzen in kurzer Zeit spür- und messbar abgebaut werden können.

Literatur

Gary Craig (2011): The EFT Manual. Ontario: Energy Psychology Press.
Gert Kaluza (2015): Stressbewältigung. Trainingsmanual zur psychologischen Gesundheitsförderung. Heidelberg: Springer.
R. S. Lazarus (1995): Stress und Stressbewältigung – Ein Paradigma. In: S.-H. Filipp (Hrsg.), Kritische Lebensereignisse (3. Aufl.). Weinheim: Psychologie Verlags Union, S.198–232.
R. S. Lazarus und R. Launier (1981): Stressbezogene Transaktionen zwischen Person und Umwelt. In: J. R. Nitsch (Hrsg.): Stress. Theorien, Untersuchungen, Maßnahmen. Bern: Huber, S.213–259.
Norman Preißler (2008): Führungskräfte im Konfliktfeld zwischen Leitungsrolle und Teammitgliedschaft. Nordersted: GRIN Verlag.
Techniker Krankenkasse (2022): Gesundheitsreport. Arbeitsunfähigkeiten 2022. Hamburg: Techniker Krankenkasse.

BÉATRICE GLOOR

Organisationsentwicklerin
und Coach

> Jetzt ist der beste Moment!

LinkedIn

Bye-bye, Selbstoptimierung! Hallo Gelassenheit!

WAS ICH ALS FRAU LERNTE, UM NICHT NUR ERFOLGREICH, SONDERN AUCH GLÜCKLICH ZU WERDEN

Ich wuchs sehr idyllisch in einem kleinen Dorf im schweizerischen Jura auf. In einer Zeit, wo die Telefone noch festgebunden waren und wir frei. Eigentlich konnte ich tun und lassen, was ich wollte. Die perfekte Ausgangslage also, um ohne große äußere Einflüsse zur selbstbewussten Frau heranzuwachsen. Aber eben nur eigentlich …

Denn auch in diesem Setting, ganz ohne die heutigen neuen Technologien, die weltweite Vernetzung und das Gefühl, ständig erreichbar sein zu müssen, gab es den Leistungsdruck, der sich fatalerweise mit meinen eigenen hohen Ansprüchen an mich selbst, wie ich gerne gesehen und wahrgenommen werden möchte, verbündete.

WESHALB IST DAS EINE FATALE KOMBI?

Was mir damals noch nicht bewusst war – sondern erst ein paar harte Lektionen später –, war der Fakt, dass ich meine fachliche, sportliche, musikalische oder künstlerische Leistung mit meinem eigenen Selbstbild, meinem Selbstwert, verknüpft habe. Schlechte Noten oder eine Kritik von außen bezüglich einer inhaltlichen Leistung haben bei mir das Gefühl ausgelöst, dass ich als Person noch nicht gut genug bin.

Damit bin ich kein Einzelfall oder eine Ausnahme, sondern in bester Gesellschaft. Denn dieses Phänomen ist bei den meisten Menschen gang und gäbe, gerade in leistungsorientierten oder dynamischen Unternehmen. Daher möchte ich in diesem Kapitel anhand meiner eigenen Erfahrung beleuchten, wie ich in den Sog der Selbstoptimierungs-Spirale geriet, und praktische Tipps dazu teilen, wie ich einen wirksamen Weg herausgefunden habe.

WAS PASSIERT, WENN NICHTS PASSIERT?

Eine interessante Frage.

In meinem Fall war die Antwort folgende:

In der Schule, während der Ausbildung und vor allem später in den verschiedenen Fach- und Führungsfunktionen bei internationalen Fortune500-Unternehmen kam neben dem Leistungsdruck auch noch der Zeitdruck hinzu, dem ich mich nicht nur während der Arbeit, sondern in allen Bereichen meines Lebens ausgesetzt fühlte: beim Erscheinungsbild, bei der Ernährung, bei der Beziehung, bei der Karriere, bei meiner Freizeitgestaltung, sogar beim Schlaf.

Das Gefühl, dass ich ständig (und vielleicht ein wenig mehr als meine männlichen Kollegen) beweisen muss, wie leistungsfähig ich bin, führte zu Druck und damit direkt tiefer in die Selbstoptimierungs- und Stress-Spirale.

Es war ein ewiges Sich-Vergleichen und Verglichen-Werden. Wenn ich meine eigenen Leistungen nicht mehr abrufen konnte, schürte das meine Angst, nicht mehr zu genügen, was wiederum dazu führte, dass ich weitergemacht habe. Mein damaliges Credo: Ich muss mich einfach noch ein wenig mehr anstrengen, noch ein wenig mehr am eigenen Ich herumschrauben, mich noch ein wenig mehr anpassen und passend machen. Doch irgendwann war die Grenze meiner eigenen Belastbarkeit erreicht – körperlich, mental und emotional.

Was dazu führte, dass ich unkonzentrierter wurde und während einer Geschäftsreise einen schweren Autounfall erlitt. Damit war ich erst einmal länger komplett raus. Um aber nachhaltig meinem Selbstoptimierungswahn und der damit verbundenen Stress-Spirale zu entkommen, musste ich der Ursache von beidem in die Augen schauen.

MEIN DILEMMA MIT EMOTIONEN

Mein Grundschullehrer hatte schon vor über 40 Jahren erkannt, wobei ich mir selbst im Weg stehe und mich dadurch in meinem Selbstausdruck und meiner Persönlichkeit einschränke: Denn er hat in meinem Zeugnis neben den guten Noten vermerkt, dass ich zwar sehr fleißig sei, alle mir aufgetragenen Aufgaben und sogar noch zusätzliche immer pünktlich und sauber abliefere und mich überaus korrekt in Gruppenaktivitäten verhalte, allen ihren Raum lasse und alle integriere, jedoch sehr wenig von mir selbst und meinem eigenen Wesen preisgebe. Er wünsche mir, dass ich lerne, meine Gefühle und Emotionen zu zeigen und zum Ausdruck zu bringen, damit der Austausch untereinander ehrlicher und gewinnbringender werde. Er sei davon überzeugt, dass es mir damit auch persönlich besser gehen würde und ich entspannter und gelassener wäre.

Doch meine Emotionen als natürlichen Teil meiner Persönlichkeit anzuerkennen und sie dadurch bewusst und gewinnbringend einzubringen, stellte eine Mammutaufgabe dar: Denn Emotionen jeglicher Art hatten irgendwie etwas Bedrohliches für mich, das es eher zu kontrollieren galt.

Daher habe ich mich jahrelang hauptsächlich auf meine geistigen Fähigkeiten und Leistungen konzentriert und vor allem fokussiert. Und das auf einem konstant hohen Level. Das Ziel war, mit konkreten und greifbaren Ergebnissen, Projekten und Erfolgen bei meinen Führungskräften und im Team zu brillieren und zu punkten, damit sie mich bei der nächsten Beförderung gar nicht übersehen konnten.

Tja, leider ging diese Rechnung nicht wirklich auf. Im Gegenteil: Trotz vorhandenem und sichtbarem Leistungsnachweis wurde ich regelmäßig von männlichen Kollegen auf der Karriere-Straße überholt. Begründung: „Der ist weniger emotional als du." An dieser Stelle sei angemerkt, dass ich im Business jegliche bewusste Emotion versuchte zu vermeiden. Doch wir wissen alle, dass es neben der verbalen auch die non-verbale Kommunikation gibt. Und da habe ich anscheinend eine sehr emotionale Sprache gesprochen.

Solche Bemerkungen waren für mich eine Einladung, noch tiefer in der Selbstoptimierung-Spirale zu versinken, und mich darin bestärkt zu fühlen, dass ich meine Emotionen noch weiter kontrollieren oder im Business lieber komplett unter Verschluss halten sollte. Erst während der Reha nach meinem Autounfall erkannte ich, dass sich diese Einstellung grundsätzlich ändern sollte, wenn ich meine eigene innere Balance und Mitte finden wollte.

WEG VOM KONTROLLMECHANISMUS HIN ZUR REGULATION

Dafür musste ich erst einmal lernen, die Kontrolle abzugeben und meine Emotionen, Gedanken und Gefühle zuzulassen. Weshalb? Diverse wissenschaftliche Studien haben ergeben, dass über 90 Prozent unseres Verhaltens durch unser Unterbewusstsein bestimmt werden. Das heißt, wenn wir etwas verändern wollen, ist die Erfolgsquote relativ gering, wenn wir es allein mit Willenskraft versuchen.

Somit ist es für eine erfolgreiche Veränderung entscheidend, auch die Gefühle, Gedanken und eigenen Glaubenssätze zu erkennen, anzunehmen und entweder aufzulösen oder zu wandeln. Das klingt einfacher als es ist, und gerne hätte ich einfach das Rad der Zeit nach vorne gedreht. Doch wie Albert Einstein schon zu sagen pflegte: „Auf Veränderung hoffen, ohne selbst etwas dafür zu tun, ist wie am Bahnhof zu stehen und auf ein Schiff zu warten."

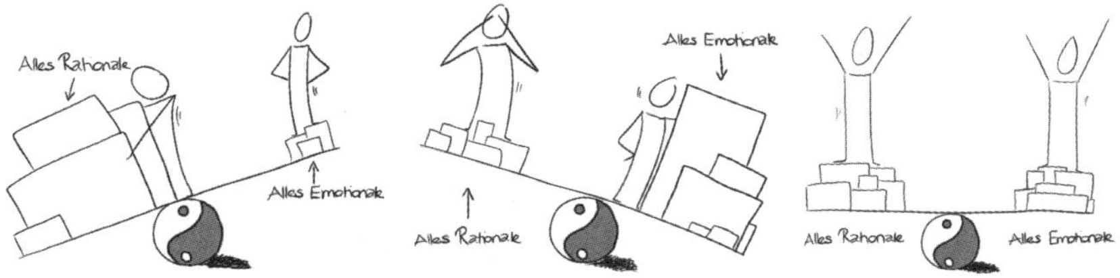

Doch wie findet man seine innere Mitte? Mir hilft dabei – bis heute – das Bild einer Wippe. Wippen bedeutet, dass es zwei Gegengewichte oder Pole gibt. Das ein oder andere kann schon mal überwiegen, doch der Sinn des Wippens ist, dass man durch Regulieren der beiden Pole ein GLEICH-Gewicht findet, in Bewegung kommt und vor allem bleibt. Sonst macht es keinen Spaß und der Frust auf der anderen Seite ist groß.

Für mein eigenes GLEICH-Gewicht nutze ich seitdem verschiedene, achtsamkeitsbasierte Methoden zur mentalen, körperlichen und emotionalen Stressreduktion – oder eben besser gesagt: zur (Selbst)-Regulation meiner inneren Wippe.

WENN DAS, WAS DIR IM WEG STEHT, ZU DEINEM WEG WIRD

Mit diesen alltagstauglichen und Büro-kompatiblen Tools und Methoden gelang mir nicht nur ein erfolgreicher Wiedereinstieg in die Business-Welt, sondern ich wurde sehr viel gelassener, fokussierter und erfolgreicher. Und habe interessanterweise bemerkt, dass mein neuer authentischer Umgang mit meinen Emotionen viele meiner Kolleg:innen sogar inspiriert hat, über ihren eigenen Druck zur Selbstoptimierung zu sprechen.

Mir wäre es vor dem Unfall nie in den Sinn gekommen, dass andere sich genauso einen unnötigen Stress machen. In meinem damaligen Team haben wir dann begonnen, kleine achtsamkeitsbasierte Rituale und Übungen in den beruflichen Alltag einfließen zu lassen. Dadurch wurden alle nicht nur entspannter und präsenter, sondern unsere Meetings effizienter und die Zusammenarbeit produktiver.

Das hat mich dann vor ein paar Jahren dazu bewogen, mich als Organisationsentwicklerin und Coach selbstständig zu machen. Damit alle, die ihren Job lieben und hohe Ansprüche an ihre eigene Leistung haben, lernen, ihre Kräfte zu regulieren, sich bewusst zu regenerieren, um dadurch weiterhin (oder wieder) in ihrer eigenen gesunden Leistungs- und Handlungsfähigkeit zu bleiben.

MEINE PERSÖNLICHEN TOP 3 TAKE-AWAYS UND PRAXIS-TIPPS FÜR MEHR GELASSENHEIT

Emotionen sind wie ein Schnellkochtopf

Die meisten Menschen (inklusive mir) gehen auf zwei verschiedene Arten mit Emotionen um:

Erstens: Emotionen werden geleugnet, das heißt, sie werden nicht mehr bewusst erlebt oder sie werden verdrängt. Dies bedeutet aber nicht, dass sie den Menschen nicht mehr beeinflussen. Denn sie lösen sich nicht in Luft auf, sondern sind nur weggedrückt oder unterdrückt. Sprich, wir versuchen, die Kontrolle darüber zu behalten.

Zweitens: Die Menschen erleben ihre Emotionen und drücken diese auch aus, sind ihnen aber ausgeliefert und wissen nicht, wie sie mit ihnen umgehen können. Das heißt, wir werden von unseren Emotionen kontrolliert und gesteuert.

Um es bildlich zu beschreiben: Unsere Emotionen sind wie ein Schnellkochtopf, der auf die Herdplatte gestellt wird und vor sich hin köchelt. Lange kriegt man nichts mit – bis es plötzlich zischt und durch ein Ventil Druck abgelassen wird. Wird aber immer nur punktuell Druck abgelassen, köchelt es weiter, bis wir die Herdplatte ausschalten, den Kochtopf von der Platte nehmen und sicher entleeren – oder bis uns die ganze Misere um den Kopf fliegt. Also: Es ist besser, Methoden zu erlernen, wie man einen gesunden und wohldosierten Umgang mit seinen eigenen Emotionen findet, anstatt sie vor sich hin köcheln zu lassen.

Praxis-Tipp 1: Emotionen
Du fühlst deine Gefühle. Du bist nicht dein Gefühl! Das ist vielleicht nur eine Nuance, aber hat große Wirkung. Probiere es mal aus und achte darauf, wie die beiden folgenden Formulierungen auf dich wirken:
- „Ich bin traurig."
- „Ich fühle mich traurig."

Achte zukünftig gut auf deine Wortwahl, wenn du über deine Gefühle sprichst.

Achtsamkeit ist wie Instagram – nur krasser

Das Prinzip der Achtsamkeit ist die Fähigkeit, seine Aufmerksamkeit auf den Moment zu lenken, dabei alles wahrzunehmen, was sich in diesem Moment zeigt, ohne es jedoch zu bewerten. Oder eben wie ein Bild auf Instagram – eine Momentaufnahme. Ein Schnappschuss. Doch ganz ohne Filter oder Retuschier-Möglichkeiten. Die Vorteile dieser Art von Aufmerksamkeit sind ein effektiveres Erlernen von neuen Fähigkeiten oder Gewohnheiten sowie ein leichtes Zurückfinden in die eigene Mitte und innere Gelassenheit.

Oder kurz und knapp:
- Achtsamkeit ist eine Form der Aufmerksamkeit. Nix anderes.
- Achtsamkeit hört dort auf, wo Bewertung oder Beurteilung beginnt.
- Achtsamkeit ist keine Fähigkeit, sondern eine Haltung.

Praxis-Tipp 2: Achtsamkeit

Notiere dir einen Tag lang deine Bemerkungen zu etwas oder jemandem (inklusive Kommentare dir selbst gegenüber). Achte darauf, dass du sie genau so notierst, wie du sie sagst. Am Ende des Tages geh deine Liste durch und streiche alle bewertenden oder urteilenden Formulierungen.

Beispiel:

- „Ich habe heute wieder nur die Hälfte meiner To-do-Liste geschafft.“ (wertend)
- „Ich habe heute die Hälfte meiner To-do-Liste geschafft.“ (neutral)

Bemerkst du den Unterschied?

WIRKLICHE WEITERENTWICKLUNG BEGINNT MIT ENTWICKLUNG

Wer in Hochleistungskulturen und dynamischen Unternehmen, Führungsfunktionen und Teams arbeitet, liebt seinen Job. Es ist mehr als Arbeit – es ist Freude am Tun, die Leidenschaft, etwas zu bewegen. Etwas zu verändern. Zu erschaffen. Als Unternehmen. Führungskraft. Team. Person.

Diese Leistung erfordert eine konstant hohe Präsenz, Aufmerksamkeit, Konzentration und Achtsamkeit. Hinzu kommt der erhöhte Anspruch an persönliche Entwicklung. Um hier nicht in die Selbstoptimierungs-Spirale abzudriften, sondern sich wirklich persönlich weiterentwickeln zu können, lohnt es sich, im Alltag kleine Auszeiten zu nehmen, in denen man bewusst einen Schritt zurück macht und sich Zeit zur Selbstreflektion gönnt. Denn auch wenn man seinen Job liebt, kann man an die Grenzen seiner körperlichen, mentalen oder emotionalen Belastbarkeit stoßen. Neben dem Aufdröseln der eigenen hemmenden Glaubenssätze und Emotionen ist auch ein achtsamer Umgang mit den eigenen Ressourcen nötig. Hierzu nutze ich eine tolle Selbstreflektions-Übung, die ich gern teilen möchte.

Praxis-Tipp 3: Ressourcen

Vergleiche deine eigenen Ressourcen mit deinem Smartphone-Akku. Stelle dir dazu folgende Fragen:

- Wie häufig guckst du auf dein Handy, um zu prüfen, ob es noch genügend Power hat?
- Wie häufig machst du einen solchen Check-in bei dir?
- Wie häufig lädst du dein Handy zwischendurch auf, um sicher durch den Tag zu kommen, und ab welchem Akkustand wirst du nervös?
- Was machst du, wenn deine eigenen Batterien auf diesem tiefen Stand sind und du noch fünf Meetings und abends noch eine Verabredung hast?
- Was wäre, wenn du zukünftig jedes Mal, wenn du dein Handy aufllädst, dir selbst eine kurze Pause gönnst?

„Die Gelassenheit ist eine anmutige Form des Selbstbewusstseins."

Marie von Ebner-Eschenbach

„Nach wie vor erlebe ich es,
dass junge Frauen sich Verantwortungsübernahme nicht
zutrauen. Das muss sich ändern.
Wenn ihr gefragt werdet,
nutzt die Chance,
sagt einmal Danke, klärt für euch,
was ihr braucht, um erfolgreich zu
sein, und fordert das ein.
Alle wachsen an ihren Aufgaben,
neue Aufgaben sind Chancen,
den Turbo einzulegen.“

ANNE LOLAS

Personalleiterin, stellvertretende Vorständin ITDZ Berlin
und Alumna von 4C

ANNA LEDDIN

Managerin IT Management
& Innovation

Mach's nicht so perfekt.

LinkedIn

Ein dickes Fell, immer in Mode? Natürlich!

WIESO RESILIENZ ZUR TOP-RESSOURCE AUFSTEIGT

Mit den Jahren im Arbeitsleben und dem Erleben von vielen beruflichen Herausforderungen, die mich nicht nur sehr gefordert, sondern sogar überfordert haben, rückte das Thema Resilienz in meinen Fokus. Mir fiel auf, dass gerade im Projektgeschäft und in der Beratung auf die eine, anscheinend unüberwindbare Hürde unmittelbar die nächste zu überspringende Latte folgte und ich diese stets auf die gleiche Art und Weise anging: voll fokussiert, maximal engagiert, mit höchster Priorität und all meinen Fähigkeiten und Ressourcen daran arbeitend, dass ich die Aufgabe meistere. Das hat in der Regel sehr gut funktioniert, aber dabei Unmengen an Energie gekostet: Insbesondere, weil mich mein Grübeln nachts nicht hat ein- und durchschlafen lassen. Auch Erholungsmomente im Feierabend entwickelten sich mehr zu einem Nachdenken über die Arbeit, den abgeschlossenen Arbeitstag und die vor mir liegenden Aufgaben. Bei allem Spaß, den ich über die Jahre mit der Beratung, den verschiedenen Projekten, meinen Kolleg:innen und unseren

Kund:innen hatte, musste ich doch feststellen, dass ich permanent eher auf 130 Prozent gelaufen bin als in einem grünen Bereich. Doch was tun – love it, leave it or change it?

WIE KANN RESILIENZ DABEI HELFEN, BERUFLICHE HERAUSFORDERUNGEN ZU BEWÄLTIGEN?

Eine Idee reifte schließlich im Austausch mit meinen Kolleg:innen, insbesondere jenen mit viel Berufserfahrung und langer Zugehörigkeit zur Beratungsbranche. Ich erkannte aus Gesprächen mit ihnen, dass sie einerseits die gleichen Projekt-Herausforderungen bewältigten wie ich, andererseits dabei deutlich gelassener mit diesen umgingen – nicht nur äußerlich mir gegenüber, sondern auch glaubhaft im Inneren. Sicherlich eine Folge der entsprechend langen Berufserfahrung – aber nicht nur: Diese Kolleg:innen strahlen auch in für sie neuen und herausfordernden Situationen eine Souveränität und positive Selbstsicherheit aus. Sie scheinen ein sprichwörtlich dickes Fell zu haben, was sie vor der Witterung schützt. Dies genauer zu verstehen und mir in der Folge anzueignen, machte ich mir zur Aufgabe. Resilienz war das Thema, mit dem ich anfing, mich näher zu beschäftigen.

DEFINITION UND EINORDNUNG DES BEGRIFFS „RESILIENZ"

Nicht zuletzt Globalisierung und Digitalisierung haben die Arbeitswelt deutlich verändert, gebräuchlich ist der Ausdruck der VUCA-Welt geworden, die das volatile, unsichere, komplexe und ambige (widersprüchliche) Arbeitsleben beschreibt. Diese Welt geht mit permanenter Veränderung bei hoher Unsicherheit einher und erfordert von den in ihr arbeitenden Menschen eine hierzu passende Dynamik und Veränderungsfähigkeit. Die Fähigkeit, entlang von Veränderungen wirksam und positiv zu bleiben, wird als Resilienz bezeichnet: „Resilienz ist die Fähigkeit [...], potenzielle Bedrohungen zu antizipieren, effektiv mit kritischen Ereignissen umzugehen und aus ihnen zu lernen, um gestärkt daraus hervorzugehen."[25]

[25] Charlotte Förster und Stephanie Duchek: Auf dem Weg zur resilienten Führungskraft Vorbereiten – Reagieren – Anpassen. In: Personalführung 04/2019.

„Resilienz" – vom lateinischen „resilire" = „zurückprallen" abstammend – kommt anfänglich aus der Werkstoffkunde für Stoffe, die auch nach starken Außeneinwirkungen in ihren Ursprungszustand zurückkehren. Ab den 1970er-Jahren wurde Resilienz als Bezeichnung für eine psychologische Eigenschaft gebräuchlich. In den letzten 50 Jahren hat die Resilienzforschung definiert, was unter Resilienz zu verstehen ist, wie diese wirkt, welche Eigenschaften eines Menschen relevant sind für Resilienz – und vor allem: inwieweit und wodurch sich die eigene Resilienz steigern lässt.

> „Für mich bedeutet Resilienz, ein dickes Fell zu haben."
>
> Anna Leddin

WIE BIN ICH AN EIN DICKERES FELL GEKOMMEN?

Mein Weg zu meinen heutigen Ansichten und Fähigkeiten im Bereich Resilienz war nicht wirklich zielgerichtet und gerade. Vielmehr habe ich über Jahre mit Versuch und Irrtum meinen Weg gefunden. Rückblickend sehe ich drei Bereiche, mit denen ich gearbeitet habe und die ich weiterempfehle:

1. **Lesen und lernen:** Was macht Resilienz in der Theorie und Forschung aus? Was sagt die Psychologie? Was funktioniert, was funktioniert nicht? Welche alternativen Mindsets gibt es? In Bezug auf diese Fragen habe ich nach und nach Wissen aufgebaut, um bewusst und kompetent handeln zu können. Drei Bücher haben mich hierbei besonders inspiriert:
   „Du muss nicht von allen gemocht werden" von Ichiro Kishimi und Fumitake Koga: Ein Philosoph und ein junger Mann erörtern in einen fortwährenden Dialog die Philosophie Alfred Adlers, einem der Wegbereiter der Achtsamkeitsbewegung – entlang von der Frage, was es braucht, um ein zufriedenes Leben zu führen. Dieses Buch habe ich inzwischen vier Mal gelesen, jedes Mal entdeckte ich für mich neue Ideen. Besonders geholfen hat mir zum Beispiel die Idee der Aufgabentrennung: Den Blick da-

rauf zu schärfen, was man tatsächlich beeinflussen und steuern kann – und demgegenüber: was man nicht steuern kann und wofür andere verantwortlich sind.

„Stop overthinking" von Nick Trenton: Viele kennen das Phänomen, sich abends ins Bett zu legen, todmüde zu sein – aber doch nicht schlafen zu können, weil ein Gedankenkarussell im Kopf Party macht. Mich hat dies so sehr gestört, dass ich gezielt nach passender Literatur gesucht habe und mit diesem Buch fündig wurde. Im Buch werden die wesentlichen Grundlagen von Overthinking erläutert und vor allem Methoden und Handgriffe vorgestellt, um kurz- und langfristig Abhilfe zu schaffen. Für besonders fordernde Momente nutze ich seitdem die 5-4-3-2-1 Methode, bei der ich mich fokussiere auf

- 5 Dinge, die ich sehen kann,
- 4 Dinge, die ich fühle bzw. ertasten kann,
- 3 Sachen, die ich hören kann,
- 2 Dinge, die ich riechen kann und
- 1 Sache, die ich schmecke.

Damit komme ich gut aus dem Karussell heraus.

„Der tägliche Stoiker" von Ryan Holiday: Dieses Buch funktioniert wie ein Kalender. Für jeden Tag eines Jahres gibt es einen kurzen Text- oder Briefauszug aus der Schule der Stoiker, der in wenigen Sätzen auf die heutige Zeit bezogen wird. Ich nehme aus diesem kurzen Blitzlicht immer eine Idee mit, worauf ich an diesem Tag achten möchte – zum Beispiel vernünftige Pausen in meinen Tagesablauf einzubauen.

2. **Coaching und Begleitung:** Mit welchem Mindset bin ich aktuell unterwegs – und wie gut passt das schon zu meinem Ziel? Wie komme ich besser und schlechter durch Projektphasen und Arbeitsalltag? Wo komme ich tatsächlich voran – und wo bagatellisiere ich oder rede mir etwas schön? Wo lauern alte Muster und was

kann ich diesen entgegensetzen? Fragen wie diese habe ich über mehrere Jahre bis heute in Gesprächen mit „Wegbegleiter:innen" bearbeitet. Konkret vor allem in diesen zwei Varianten:

Begleitung durch meine disziplinarische Führungskraft – von einem ähnlichen Mindset kommend haben wir immer wieder lange Gespräche (am liebsten beim Spaziergang) darüber geführt, was mir leicht und schwer fällt im Projektalltag. Dies ist besonders dann wirksam, wenn ein hohes Maß an gegenseitigem Vertrauen herrscht und mindestens einer/einem der beiden auffällt, wenn man über einen längeren Zeitraum die immer gleichen Herausforderungen auf die immer gleiche Art und Weise erfolglos versucht zu lösen. Denn dann kommt es idealerweise zu echten „Aha-Erlebnissen", denen wiederum das Ausprobieren und Anwenden neuer Verhaltensformen folgen können. Handwerklich hilfreich ist zum Beispiel, sich gegenseitig zu spiegeln bzw. mit systemischen Fragen zum Nachdenken anzuregen. Eine systemische Frage ist zum Beispiel eine paradoxe Frage: Was könnte ich tun, um die aktuelle Situation zu verschlimmern? Ganz besonders geholfen hat mir mein Chef damit, dass wir immer wieder über meine selbst erzeugte hohe Arbeitsbelastung gesprochen haben, sodass ich die Auswirkungen dieser auf mich nachvollziehen und meinen Anteil an der Situation verstehen konnte. Erst als diese Hürde genommen war und ich echte Verantwortung für das Thema übernommen habe, konnte ich wirklich etwas verändern. Wenn deine Führungskraft dafür nicht die richtige Person ist, dann suche dir zum Beispiel jemanden aus einer anderen Abteilung.

Professionelles Training und Coaching: Während der Covid-Pandemie hat mein Unternehmen für alle Mitarbeitenden die Möglichkeit geschaffen, professionelle Trainings zu Achtsamkeit und Stressbewältigung in Anspruch zu nehmen. Ich hatte das immer für „esoterischen Quatsch" gehalten. Doch weil ich als Führungskraft gern Angebote meines Unternehmens unterstütze, war ich schließlich mit von der Partie. In bestimmt fünf bis sechs Sessions blieb ich auch bei meiner Einschätzung: „Alles Unsinn hier." Witzigerweise musste ich in den weiteren Sessions zugeben, dass es mir nach den Übungen besser ging. Seitdem bin ich Dauergast in der monatlichen Runde Achtsamkeitstraining und überzeugte Befürworterin dieser Sessions.

3. **Selbstreflexion und Üben im Alltag:** Die Impulse, die ich aus dem Lesen von Büchern oder aus meinen Gesprächen mit meinen Wegbegleiter:innen gezogen habe, nehme ich mit in meinen Alltag und sorge so dafür, dass ich diese tatsächlich auch „bearbeite":

   Setzen von Erinnerungsankern im Alltag: Bei inspirierenden Ideen und Gedanken setze ich mir einen Erinnerungsanker. Das kann ein Post-it am Arbeitsplatz sein oder ein regelmäßig wiederkehrender Kalendereintrag. Beide Varianten sorgen bei mir dafür, dass der spannende Gedanke in meinem Kopf präsent bleibt bzw. ich die Ideen auch tatsächlich regelmäßig übe. Aktuell habe ich zum Beispiel einen Reminder für den Gedanken „Hilfe genießen" in meinen Alltag eingebaut.

   Austausch und Dialog mit anderen: Sachen, die mich inspirieren und die ich mir aneignen will, nehme ich in Gespräche mit in die Familie, zu Freund:innen und Kolleg:innen. Ich erzähle ihnen von den Gedanken, beschäftige mich mit ihren möglichen Einwänden oder Fragen und trainiere mich so darin, mich bewusst mit dem Gedanken auseinanderzusetzen und zu prüfen, inwieweit er in meinem Alltag Relevanz hat.

   Achtsam mit mir selbst umgehen: Im Gegensatz zu früher weiß ich heute, was eine Pause ist. Ich weiß, dass Pausen sinnvoll und nicht erst dann eine gute Idee sind, wenn ich völlig kaputt bin. Stattdessen halte ich lieber frühzeitig und bewusst inne, um meine Akkus gefüllt zu halten. In der Praxis klappt das nicht immer – aber ich habe heute ein deutlich feineres Bewusstsein für meine Energiereserven. Ich habe den Nutzen von Achtsamkeits- und Meditationsübungen kennengelernt und integriere diese in meinen Alltag (die App „Headspace" ist für mich sehr gut). Ich sorge dafür, dass Sport in meiner Tages- und Wochenplanung den gleichen Stellenwert bekommt wie zum Beispiel Essen: kann man in der Regel nicht ausfallen lassen. Ich priorisiere sieben bis acht Stunden Schlaf und vermeide bewusst, in der Stunde vor dem Schlafengehen zu arbeiten. Hilfreich ist es für mich seit Jahren auch – Überraschung –, keinen oder wenig Alkohol zu trinken.

Meine eigene Reise zu einem resilienten Menschen ist in vollem Gange und hoffentlich ein nie abgeschlossenes Lernfeld. Auf jeden Fall ermöglichen mir meine heutigen Fähigkeiten, zufrieden auf meine (Arbeits-)Tage schauen zu können und damit gut gerüstet zu sein für viele Jahre knackiges Berufsleben.

Literatur

Ryan Holiday (2017): Der tägliche Stoiker: 366 nachdenkliche Betrachtungen über Weisheit, Beharrlichkeit und Lebensstil. München: FinanzBuch Verlag.
Ichiro Kishimi und Fumitake Koga (2018): Du musst nicht von jedem gemocht werden. Vom Mut, sich nicht zu verbiegen. Hamburg: Rororo.
Nick Trenton (2023): Stop Overthinking: 23 Techniken, um Stress abzubauen, Negativspiralen zu unterbrechen und den Geist zu entlasten. München: FinanzBuch Verlag.

„Mit dem Fokus auf die eigenen Stärken können Frauen für sich selbst und im Unternehmen jedes Ziel erreichen. In einer zukünftig immer stärker menschen-zentrierten Führungs-kultur sind sie damit sogar deutlich im Vorteil."

LEA SANDKER

Global Head of HR & Organisational Development, ENERCON

CORINNA SCHMITT

Senior Consultant
Digital Business Innovation

LinkedIn

> Fokussiere dich immer wieder auf deine Stärken und nicht nur auf deine Optimierungspotenziale. Das können gerade Berater:innen notorisch schlecht, hilft aber ungemein in der eigenen Weiterentwicklung.

Kritik als Motivator

WIE DU DAS OPTIMUM AUS FEEDBACK HERAUSHOLEN KANNST

Ich komme aus dem Meeting und meine Managerin ruft an – es ist Zeit für ein kurzes Debriefing: „Was lief gut, haben wir unser Ziel erreicht und was kann ich beim nächsten Mal noch besser machen?" Gerade bei meinem Einstieg in der Managementberatung war mein Arbeitsalltag von kontinuierlichem und direktem Feedback geprägt. Dies ist etwas, was ich persönlich sehr an meiner Arbeit schätze, da ich Kritik eigentlich schon immer als ein Tool für meine persönliche Weiterentwicklung gesehen habe. In meiner Peer Group habe ich wahrgenommen, dass es nicht allen so vermeintlich „leicht" fällt, mit Feedback und Kritik umzugehen. Deshalb möchte ich gerne im folgenden Kapitel meinen persönlichen Ansatz zum Thema Kritikfähigkeit mit dir teilen.

KEINE ANGST VOR KLUGEN KÖPFEN

In der Beratung arbeitet man in der Regel mit zahlreichen sehr klugen Köpfen zusammen. Beim Start in das Berufsleben kann dies unglaublich inspirierend, aber auch einschüchternd sein. Denn wenn man viele intelligente, motivierte und erfahrene Kolleg:innen hat, bedeutet dies auch, dass man viel Feedback zur eigenen Arbeit erhält. Am Anfang scheint es manchmal so, als ob – egal, was man macht – jemand anderes immer einen effizienteren Ansatz oder eine bessere Lösung für das vorliegende Problem hat. Dies führt bei vielen jungen Berater:innen oft zu Selbstzweifeln. „Warum bin ich eigentlich hier?", „Ist das wirklich der richtige Job für mich?" oder „Werde ich jemals eine spruchreife eigene Lösung präsentieren können?" sind einige Gedanken, die Berufseinsteiger:innen dabei durch den Kopf schwirren. Bei anderen stößt Feedback sogar auf Ablehnung und sie verschließen sich gegenüber Kritik. Dies ist auf der einen Seite absolut verständlich und menschlich, denn schließlich macht kein Mensch gerne Fehler. Auf der anderen Seite bin ich fest davon überzeugt, dass meine persönliche Einstellung und mein Umgang mit Feedback mich schon an vielen Stellen meines jungen Berufslebens enorm weitergebracht haben. Dies lässt mich auch zufriedener an meine Arbeit herangehen. Denn wenn man Feedback richtig für sich nutzt, führt dies zu einer steilen Lernkurve, wie man sie in anderen Branchen selten erfährt.

Wie geht man also am besten mit Kritik um, sodass man sich nach dem Erhalt nicht demotiviert oder überfordert fühlt, sondern die erlangten Learnings in die Tat umsetzen kann? Dazu möchte ich ein paar Gedanken mit dir in diesem Kapitel teilen. Denn die Fähigkeit, Kritik sowohl inhaltlich als auch emotional zu verarbeiten, spielt nicht nur eine zentrale Rolle dabei, wie man sich fachlich am besten weiterentwickeln kann. Sie spielt auch dabei eine Rolle, wie wohl man sich beim Start in das Berufsleben fühlt. Im Folgenden daher einige konkrete und umsetzbare Tipps, wie du gut mit Kritik umgehen und daraus gestärkt hervorgehen kannst.

DIE RICHTIGE EINSTELLUNG FINDEN

Die richtige Einstellung zu haben, ist der Schlüssel, um gut mit Kritik umgehen zu können. Für mich ist dies der erste und wichtigste Schritt, an dem man arbeiten sollte, wenn man seine Kritikkompetenz verbessern möchte. Dies habe ich im Gespräch mit anderen Berufseinsteiger:innen und Mentor:innen erkannt, als mir klar wurde, dass ich offensichtlich anders mit Kritik umgehe als viele meiner Peers. Während es vielen schwerfiel, sich von der Masse an Feedback, das man am Anfang des Berufslebens von seinen Kolleg:innen und Führungskräften erhält, nicht entmutigen zu lassen, tat ich mir leicht, die sachlichen Argumente herauszufiltern und die Kritik nicht allzu persönlich zu nehmen.

Meine Grundannahme war dabei von Anfang an, dass die Menschen, die mir Rückmeldung geben, nur das Beste für mich wollen. Natürlich ist das nicht in jedem Fall garantiert, aber indem ich der gegenüberstehenden Person zunächst immer unterstelle, mich ehrlich und aufrichtig fördern und weiterbringen zu wollen, ist die Basis für Kritikkompetenz geschaffen. Mein Tipp daher an dich: Gehe davon aus, dass deine Gegenüber nur das Beste für dich wollen und dir helfen möchten, dich weiterzuentwickeln. So schaffst du eine positive Grundlage für den Umgang mit Kritik.
#alle wollen dir helfen

EINEN GEEIGNETEN RAHMEN SCHAFFEN

Wir können also festhalten, dass eine positive Grundeinstellung und die grundsätzliche Unterstellung einer „guten Absicht“ die Basis für den Umgang mit Kritik bilden. Es gibt jedoch noch weitere Gedanken, die ich dir mit auf den Weg geben möchte. Verstehe, dass Kritik kein Angriff auf deine Person ist, sondern eine Chance zur Verbesserung. Nimm dir einen Moment, um dich zu zentrieren, bevor du Kritik erhältst. Erinnere dich daran, dass du nicht perfekt sein musst und dass Kritik eine Gelegenheit ist, zu wachsen.
#du musst nicht perfekt sein

Gerade am Anfang der Karriere kann es schwierig sein, Kritik als etwas Positives zu betrachten. Es fühlt sich so an, als würden die eigenen Fehler und Schwächen explizit hervorgehoben werden, was für das eigene Selbstvertrauen nicht gerade förderlich ist. Wenn du dich also nach Feedbackgesprächen demotiviert fühlst, hilft es, zu erkennen, dass man die Art und Weise, wie man Kritik wahrnimmt, aktiv steuern und beeinflussen kann. Wenn du es schaffst, Kritik als eine Gelegenheit zur Weiterentwicklung zu sehen, als einen Weg, deine Fähigkeiten zu verbessern, dann wird es dir sehr viel leichter fallen, sachliche Argumente herauszulesen. Denn die erfolgreichsten Menschen sehen Kritik nicht als Hindernis, sondern als Sprungbrett.
#Kritik als Sprungbrett für dein Wachstum

AKTIVES ZUHÖREN

Wenn dir jemand konstruktive Kritik gibt, ist es wichtig, aktiv zuzuhören. Unterdrücke den Drang, dich zu verteidigen oder Ausreden zu suchen. Konzentriere dich stattdessen darauf, den Kern der Botschaft zu verstehen. Stelle Fragen, um Missverständnisse zu klären, und zeige Interesse daran, die Perspektive der anderen Person zu verstehen. Aktives Zuhören ermöglicht es dir, das Beste aus der Kritik herauszuholen. Das gilt insbesondere auch für eine Rückmeldung, die vielleicht nicht in einem offiziellen Feedbackgespräch geteilt wird, sondern eher in der Review der eigenen Arbeit. Gehst du zum Beispiel mit deiner Führungskraft durch eine Präsentation, die du vorbereitet hast, dann versuche, dich darauf zu konzentrieren, wirklich zu verstehen, was du gut gemacht hast und was du beim nächsten Mal besser machen kannst. Wenn du dabei einen Änderungsvorschlag zunächst nicht nachvollziehen kannst, dann frage nach, um die Meinung deiner Gegenüber besser verstehen zu können. Wenn du dabei wirkliches und ehrliches Interesse an der Materie zeigst, wird im Idealfall ein Diskurs entstehen, aus dem du wichtige Punkte für deine eigene Weiterentwicklung mitnehmen kannst. Ich persönlich habe dazu zum Beispiel immer eine „Feedback-Seite“ in meinem OneNote, in der ich mir Notizen zu meinen erhaltenen Kritikpunkten mache. Dabei muss ich mich zugegebe-

nermaßen auch selbst daran erinnern, nicht nur „negative“ Kritik und Verbesserungspotenziale, sondern auch positives Feedback schriftlich festzuhalten.
#zuhören und neugierig Fragen stellen

DEN NUTZEN DER KRITIK ERKENNEN

Jede Kritik, die du erhältst, enthält einen wertvollen Lernmoment. Sie zeigt dir auf, wo du dich verbessern kannst und welche Bereiche du stärken solltest. Betrachte Kritik als eine kostenlose Beratung und eine Möglichkeit, deine Fähigkeiten weiterzuentwickeln. Indem du den Nutzen der Kritik erkennst, wirst du motiviert sein, daraus das Beste zu machen. Dies ist ehrlicherweise manchmal leichter gesagt als getan, da der Nutzen von Kritik nicht immer auf den ersten Blick erkennbar ist. Es wird sicherlich Momente geben, in denen du das erhaltene Feedback vielleicht nicht nachvollziehen kannst oder dir der Nutzen nicht sofort ins Auge springt. Besonders dann ist es wichtig, noch einmal tief in sich zu gehen und sich die Frage zu stellen: „Was kann ich aus dieser Situation lernen?“ Oder: „Wie kann mir dieses Feedback auch in anderen Bereichen meines (Arbeits-)Lebens weiterhelfen?“
#lasse dich kostenlos beraten

SICH SELBST REFLEKTIEREN

Nachdem du Kritik erhalten hast, ist es wichtig, Zeit für Selbstreflexion einzuplanen. Frage dich, ob die Kritik berechtigt ist und ob es Möglichkeiten gibt, deine Leistung zu verbessern. Sei ehrlich zu dir selbst und erkenne deine Schwächen an. Versuche, Muster in deinem Feedback zu finden. Gibt es Punkte, die dir vielleicht in einem anderen Kontext schon einmal mit auf den Weg gegeben wurden? Deckt sich das Feedback mit Punkten, die du dir vielleicht selbst schon einmal für deine Weiterentwicklung vorgenommen hast? Ich persönlich freue mich ehrlicherweise immer, wenn ich ähnliches Feedback von unterschiedlichen Personen erhalte und darin Muster erkennen kann. Denn das bedeutet für mich, dass die Kritik berechtigt ist und ich genauer weiß, an was ich arbeiten kann. Des-

halb mein Tipp: Nutze die Erkenntnisse aus deiner Selbstreflexion, um einen Aktionsplan zur persönlichen Weiterentwicklung zu erstellen. Achte dabei darauf, dir verbindliche Maßnahmen zu setzen, an denen du überprüfen kannst, ob du das Feedback in die Tat umsetzen konntest. Selbstreflexion ist der Schlüssel, um aus Kritik zu lernen und langfristig zu wachsen.
#Termin mit dir selbst

EMOTIONALEN ABSTAND GEWINNEN

Kritik kann manchmal emotional belastend sein, besonders wenn du viel Zeit und Mühe in deine Arbeit investiert hast. Es ist wichtig, einen Schritt zurückzutreten und emotionalen Abstand zu gewinnen. Nimm dir einen Moment, um tief durchzuatmen und deine Emotionen zu beruhigen. Versuche, die Kritik objektiv zu betrachten und nicht persönlich zu nehmen. Indem du deine Emotionen kontrollierst, kannst du klare Entscheidungen treffen und konstruktive Schritte zur Verbesserung unternehmen. Gleichzeitig hilft dir emotionaler Abstand dabei, die für dich relevanten Punkte aus der Kritik mitzunehmen. Denn bei allen Punkten, die wir in diesem Kapitel besprochen haben, möchte ich einen Punkt zuletzt hervorheben: Es ist auch in Ordnung, Kritik nicht anzunehmen. Wenn du dich sachlich mit dem Feedback auseinandergesetzt hast und mit genügend emotionalem Abstand zu dem Schluss kommst, dass die Kritik dir nicht in deiner Weiterentwicklung hilft oder du die besprochene Aufgabe aus bestimmten Gründen beim nächsten Mal wieder so machen würdest, dann ist dies auch völlig okay. Denn schließlich gibt es gerade in der Beratung oft viele verschiedene Wege, die ans Ziel führen, und manchmal kann ein Problem von verschiedenen Blickwinkeln betrachtet werden. Wichtig ist dabei nur, dass du nicht per se in eine Abwehrhaltung rutschst. Wenn du also trotz positiver Einstellung, aktivem Zuhören und einer intensiven Selbstreflexion zu dem Schluss kommst, Kritik nicht annehmen zu wollen, ist dies auch völlig in Ordnung. Mit dem nötigen emotionalen Abstand kannst du motiviert und gestärkt auf deinem aktuellen Kurs weitermachen.
#du entscheidest

KONTINUIERLICH WACHSEN

Der Umgang mit Kritik ist eine Fähigkeit, die im Berufsleben von unschätzbarem Wert ist. Indem du den richtigen Rahmen schaffst, aktiv zuhörst, den Nutzen des Feedbacks erkennst, dich selbst reflektierst und emotionalen Abstand gewinnst, wirst du in der Lage sein, auch negative Rückmeldungen konstruktiv anzunehmen und daraus zu lernen. Sei geduldig mit dir selbst und gib dir die Zeit, diese Fähigkeit zu entwickeln. Mit der Zeit wirst du feststellen, dass du Kritik nicht nur erfolgreich bewältigen kannst, sondern auch zu einer selbstbewussteren Person wirst. Denke daran, dass Kritikkompetenz eine wertvolle Ressource ist, die dir helfen kann, deine Karriereziele zu erreichen und kontinuierlich zu wachsen.
#selbstbewusster werden und kontinuierlich wachsen

„Frauen von heute warten nicht auf das Wunderbare – sie inszenieren ihre Wunder selbst"

Katharine Hepburn

„Bei allen Vorteilen und Hilfestellungen von Frauennetzwerken solltest du nicht vergessen, was du persönlich als Frau erreichen willst, und gezielt diese Schritte verfolgen. Auch ein Netzwerk lebt am Ende von den realisierten Erfolgen einzelner Mitglieder, und nicht ausschließlich qua Existenz."

EVA KIENLE

Vorstandsmitglied KWS Saat

SUSANNE KRAMER

Senior Expert Sales

Betrachte nur die Dinge von einer andern Seite, als du sie bisher ansahst. Denn das heißt eben: ein neues Leben beginnen.

(Marc Aurel)

LinkedIn

Vertrieb ist nichts für dich?

MEINE 10 TIPPS FÜR DIE KALTAKQUISE AM TELEFON

Manchmal gilt es etwas zu verkaufen. Vielleicht möchtest du dich beruflich mit Akquise und Verkauf beschäftigen oder Menschen von deiner Idee, deinem Produkt überzeugen. Dann ist das folgende Kapitel genau richtig für dich.

„Damit das Mögliche entsteht,
muss immer wieder das Unmögliche versucht werden."

Hermann Hesse

Ich bin Susanne. Bei uns im Unternehmen unterstütze ich einen Partner bei der Betreuung und Ansprache unserer Ziel-Kundenunternehmen. Neben Terminvereinbarungen mit Geschäftspartner:innen und Interessenten, die uns bereits kennen, gehört die Generierung neuer Kontakte zu meinen Aufgaben. Aus meiner jetzt schon viele Jahre dauernden Praxis und der daraus resultierenden Erfahrung, Menschen anzurufen und sie für ein Thema zu begeistern, habe ich eine Liste mit den Punkten, die ich besonders wichtig finde, zusammengestellt.

Ja, jemanden einfach kalt anzurufen, ist immer noch ein „Hubbel“, und ja, manchmal muss man es einfach tun. Und dabei sollten deine Bemühungen nachhaltig sein. Einmal anzurufen reicht nicht, da musst du dranbleiben. Wie immer im Leben geht es auch hier um den Aufbau und die Pflege einer Beziehung. Gleichzeitig geht es auch um Struktur und Systematik sowie um Mut und Resilienz.

1. RATLOSIGKEIT IST EIN GUTER ANFANG

Es soll Neues entstehen, eine neue (Geschäfts-)Beziehung. Da ist eine gewisse Ratlosigkeit zu Beginn hilfreich. Gehe mit Offenheit und Neugier heran. Was möchtest du präsentieren? Nennen wir es einfach Produkt. Fühlt es sich gut an für dich, kannst du dich damit identifizieren? Schau genau hin, schau es dir von allen Seiten an. Stelle dein Produkt ins rechte Licht. Welche Vorzüge hat es, wodurch hebt es sich von anderen ab? Lerne dein Produkt kennen und werde mit ihm vertraut. Spüre auch den Widerstand, den du vielleicht hast. Benenne das, was dir nicht gefällt, was dich stört und unsicher macht.

2. WIDERSTÄNDE ERNST NEHMEN

Deine eigenen inneren Widerstände zu benennen bedeutet, dich selbst ernst zu nehmen. Widerstände, die du einfach wegschiebst, werden deine Arbeit behindern. Zumindest auf der nonverbalen Ebene wird deine Ablehnung des Produkts ein Echo auf der Seite der Angesprochenen auslösen. Also nimm dich der Widerstände an, verstehe sie und integriere sie. Es ist nicht wichtig, dass sie verschwinden, aber es ist wichtig, dass sie von dir gesehen und anerkannt werden. Sie dürfen da sein.

3. SORTIERE DICH

Mit einem Plan ist der Weg leichter. Du kennst dich und du kennst deine Zielkontakte. Du kennst Namen und Kontaktdaten deiner Ansprechpartner:innen? Du weißt, was für euch beide drin ist, welchen Nutzen dein Tun stiftet? Wenn du dir das alles aufschreibst und einen Gesprächsleitfaden erstellst, bleibst du beim Telefonieren leichter auf deinem Weg.

4. WENIGER IST MEHR

Akquise bedeutet nicht, dem anderen die Welt zu erklären. Wenn du dein Produkt gut kennst und alle Zahlen und Fakten darüber weißt, so hebe nur eine oder zwei wunderbare Eigenschaften heraus, die du aus verschiedenen Blickwinkeln beleuchten kannst. Deine Gesprächspartner:innen sollen ein verlockendes Bild deines Produkts bekommen. Es muss nicht vollständig, aber fassbar und erstrebenswert sein.

5. TEMPLATES

Templates sind ein Punkt für sich. Lege sie dir vor der Kontaktaufnahme griffbereit zurecht. Einem „Schicken Sie mir dazu bitte etwas zu" solltest du auf Knopfdruck entsprechen können. Das heißt nicht, dass du deine Templates im Laufe deines Akquise-Projekts nicht verbessern und anpassen wirst. Auf jeden Fall kannst du dir bereits vor dem Start die Texte für deine interessierten Kund:innen überlegen. Das können zum Beispiel Unterlagen zur Produktpräsentation nebst individuellem Anschreiben mit konkreten nächsten Schritten sein. Du kannst auch Templates für Termineinladungen vorbereiten.

6. FANG AN

Jetzt geht es aber wirklich los: Schaffe dir eine Umgebung, die dich darin unterstützt, ins Tun zu kommen. Setze dir – sprichwörtlich –

einen Akquise-Hut auf, lege dir den gelben Telefonier-Schal um, setze dein Akquise-Maskottchen neben deine Tastatur oder fang einfach an. Fange mit den weniger hoch priorisierten Zielgruppen an. So kannst du üben und dich warmlaufen und Erfahrungen sammeln. Übrigens: Wenn es schiefgeht – ein höfliches Verabschieden und Auflegen ist immer eine Option.

7. TECHNIK IST NICHT ALLES

Es gibt Bücher über Sprech-, Atem- und Fragetechnik beim Telefonieren. Es ist empfehlenswert, das eine oder andere zu lesen. Was auf jeden Fall wichtig ist: Lass dir Zeit. Sprich langsam, klar und deutlich. Vielleicht sogar so, dass es dir selbst etwas zu langsam vorkommt. Jetzt stelle sicher, dass dein:e Gesprächspartner:in dich versteht, deinen Namen, deine Firma. Pause. Bringe dein Anliegen vor. Wiederhole es gerne noch einmal in anderen Worten und mit einem Lächeln. Frag nach, wenn du etwas nicht verstanden hast. Lass dir Namen buchstabieren: „Wie schreibt man Sie richtig?“ Stelle offene Fragen, lass dir helfen oder bitte um Hilfe in deiner Angelegenheit. Sei authentisch, wertschätzend und unterstützend. Wenn es dir gelingt, mit deinen Gesprächspartner:innen in ihrer momentanen Situation mitzufühlen und ihnen das verbal zu spiegeln, bist du auf jeden Fall deinem Ziel eines Beziehungsaufbaus schon ein gutes Stück nähergekommen.

8. DAS AKQUISE-SPIEL

Oh, das nervt! Ewige Warteschleifen mit dieser fürchterlichen Musik, schnippische Vorzimmerdrachen, Absagen und noch mehr Absagen? Das gehört zum Spiel dazu. Nimm dich selbst hier nicht zu ernst und vor allem: Nimm es nicht persönlich. Du sprichst die Einladungen aus, die Entscheidung trifft letztendlich die/der andere. Ein gutes Angebot bleibt ein gutes Angebot, auch wenn es an der ein oder anderen Stelle eine Ablehnung erfährt. Im Akquise-Spiel gilt es Prüfungen zu bestehen, um auf das nächste Level zu kommen. Wenn du merkst, dass du sauer, genervt und am Verzweifeln bist, geh aus der Situation heraus. Mache eine Pause und zum Beispiel eine Gedankenreise. Denke an etwas Schönes, etwas, was dir am Herzen liegt, oder an einen Ort, an dem du dich sehr wohl gefühlt hast. Sorge gut für dich und finde zu deiner positiven, offenen Grundhaltung zurück.

9. DOKUMENTATION

Du hast eine Liste oder ein CRM-System. Dort kannst du konkret aufzeichnen, was du wann getan hast und was du konkret wann tun wirst. So kannst du einen Akquise-Prozess systematisch darstellen und deine Erfolge messen. Du siehst, was funktioniert hat und was vielleicht nicht so gut war. Natürlich wirst du mehr von dem tun, was dir Freude und Erfolg verspricht. Tausche dich mit deinen Kolleg:innen aus. Welche Erfahrungen machen sie? Welche Tipps und Tricks funktionieren bei ihnen? Was macht einen Unterschied?

10. DIE AWARDS

Zeige deine Arbeit, sei sichtbar. Aber erwarte das Lob nicht von den anderen. Wenn du für dich selbst anerkennen kannst, was du getan hast, dir ab und zu selbst auf die Schulter klopfst, ist alles gut.

Ich wünsche dir Freude, Erfolg und gute Gespräche!

„Anerkennung und Wertschätzung, aber auch konstruktive Kritik für die Initiativen, die man ins Leben ruft, gibt es von Kolleg:innen und Vorgesetzten immer seltener, je höher man auf der Karriereleiter steigt. Die Unterstützung aus meinem Frauennetzwerk motiviert mich daher ganz besonders und macht mir Mut."

MARTINA STAUDINGER

Managing Director, mediascale

CLAUDIA IRSFELD

Head of People & Development

LinkedIn

> Sprich über Geld und werde zur Expertin deines eigenen Gehalts.

Frauen und Gehalt

ERFOLGREICH MIT DER GENDER-FORMEL

Gehalt und Fair Pay – das sind neben Karriere zwei weitere meiner Herzensthemen speziell in Bezug auf Frauen. Wahrscheinlich kommt die Leidenschaft aus meinen Werten Unabhängigkeit und Gerechtigkeit. Beide Werte stehen beim Thema „Frauen und Gehalt" immer noch auf wackeligen Beinen. Frauen verdienen in vielen Jobs immer noch deutlich weniger als Männer. Auf etwa 18 Prozent beläuft sich der unbereinigte[26] Gender Pay Gap in Deutschland, der bereinigte Gender Pay Gap auf immerhin noch 7 Prozent. Das kann über das gesamte Berufsleben schon einmal den Unterschied eines Einfamilienhauses ausmachen. Die wirtschaftliche Unabhängigkeit von Frauen ist gefährdet. Altersarmut ist tendenziell weiblich. Ge-

[26] Der unbereinigte Gender Pay Gap wird als Differenz zwischen den durchschnittlichen Bruttostundenverdiensten von Frauen und Männern in Prozent des durchschnittlichen Bruttostundenverdiensts männlicher Beschäftigter definiert. [...] Der bereinigte Gender Pay Gap [...] Hier wird jener Teil des Verdienstunterschieds herausgerechnet, der auf strukturelle Unterschiede zwischen den Geschlechtern zurückzuführen ist, wie Unterschiede im Hinblick auf Beruf, Branche, Beschäftigungsumfang, Qualifikation oder Karrierelevel."https://www.destatis.de/DE/Themen/Arbeit/Verdienste/Verdienste-GenderPay-Gap/FAQ/gender-pay-gap-faq.html zuletzt aufgerufen am 12.9.2023).

rade wenn Kinder ins Spiel kommen, verstärkt sich die Abhängigkeit in der Beziehung. Frauen übernehmen meist die Care-Arbeit und Männer in vielen Fällen die Erwerbsarbeit. Das ist per se auch vollkommen fein. Ich finde, alle sollten ihr Leben so leben, wie sie es möchten. Dennoch möchte ich dafür sensibilisieren, sich der Auswirkung der Entscheidungen, die heute getroffen werden, für morgen bewusst zu sein.

In meiner Rolle als Personalleiterin kann ich dafür sorgen, dass Frauen und Männer für die gleiche Arbeit das gleiche Gehalt erhalten. Ich bin sehr zufrieden, dass wir in unserem Unternehmen mit Gehaltsbändern arbeiten und diese sowohl intern als auch extern transparent gemacht haben. Wir haben uns also bewusst gegen individuelle Verhandlungen entschieden und Positionen einen Wert zugesprochen. Entscheidungen im Recruiting oder bei Beförderungen beziehen sich also auf eine einzige Frage: Kann die Person die Rolle ausfüllen? Wenn ja, erhält sie das entsprechend vorher festgelegte Gehalt, ganz egal, was sie sich vorgestellt hatte. Sollte sie sich weniger vorgestellt haben, erhält sie trotzdem den der Position zugeschriebenen Wert – im Zweifel mehr. Das unterscheidet sich von der gängigen Praxis, die ich in Diskussionen unter Personaler:innen mitbekomme oder von der ich in meinen Coachings und Trainings von Frauen erfahre. Nicht selten machen sie den gleichen Job und erhalten deutlich weniger Gehalt als ihre männlichen Kollegen. Dies erleben Frauen nicht nur am Anfang ihrer Karriere, sondern über ihre gesamte berufliche Laufbahn hinweg – selbst wenn sie kurz davorstehen, in den Vorstand berufen zu werden. Es gibt sie also noch, diese individuellen und persönlichen Gehaltsverhandlungen.

Um Frauen in diesen Situationen zu unterstützen und für mehr Gerechtigkeit zu sorgen, habe ich 2019 mein Buch „Frauen und Gehalt. Weg mit dem Gender Pay Gap“[27] geschrieben. 2022 ist es in der zweiten Auflage erschienen, was mich sehr stolz macht. Das Buch beschreibt ausführlich und praxisnah, was Frauen machen

[27] Claudia Irsfeld (2022): Frauen und Gehalt. Weg mit dem Gender Pay Gap. 2. Auflage. München: Marie von Mallwitz Verlag.

können, um erfolgreich ihr Gehalt zu verhandeln. Hier gebe ich dir die Quintessenz anhand der von mir entwickelten GENDER-Formel sowie ein paar Dos and Don'ts mit. Das Buch lohnt sich natürlich für einen tieferen Einblick in jedem Fall.

Bevor wir starten, noch ein Hinweis. Mir ist klar, dass keine Frau allein dafür verantwortlich ist, den strukturell bedingten Gender Pay Gap abzubauen. Ich sehe aber, dass auch wir Frauen unseren Beitrag zu einer Veränderung leisten können. Dieser Beitrag beginnt damit, dass Frauen konsequent ihr Gehalt verhandeln.
Dazu ein paar Ideen:

GENDER-FORMEL

G wie Gender-Wissen aufbauen und Gender-Stereotype verstehen
E wie Einstellungen prüfen und Entwicklungsfelder bearbeiten
N wie Negotiation-Set aufbauen und nicht aus der Ruhe bringen lassen
D wie Dilemma auflösen und Durchsetzen auf die „weibliche Art"
E wie Erkenntnisse konsolidieren und eigenen Weg finden
R wie Redekunst einsetzen und rhetorisch glänzen

G WIE GENDER-WISSEN AUFBAUEN UND GENDER-STEREOTYPE VERSTEHEN

Informiere dich und befasse dich mit den Themen Gender Pay Gap, Bezahlung von Frauen, Unterschiede in der Bewertung von Arbeit und sensibilisiere dich für die Fallen, in die du tappen kannst, wenn es zum Beispiel um die Bewertung deiner Leistung oder auch deines Verhaltens in Verhandlungen geht.

Befasse dich auch mit den Unterschieden in der Zuschreibung der Geschlechter, siehe Kapitel „Was ist eigentlich Karriere?". Ein gezeigtes Verhalten führt nicht unbedingt zu der gleichen Bewertung. Forderndes Auftreten ist, wenn Männer es zeigen, akzeptiert, es ist konform der Zuschreibungen und führt damit zu positiven Rückmeldungen. Treten Frauen fordernd auf, führt es oft zu Irritationen oder auch zu Ablehnung. Ihr Auftreten folgt in diesem Fall nicht der Rollenzuschreibung, sodass Frauen eher Ablehnung erfahren, wenn sie dieses Verhalten zeigen.

E WIE EINSTELLUNGEN PRÜFEN UND ENTWICKLUNGSFELDER BEARBEITEN

Überlege einmal, in welchem Umfeld du aufgewachsen bist. Gab es traditionelle Rollenverteilungen? Waren Väter in der Versorgerrolle und haben Mütter die Care-Arbeit übernommen und ihre Erwerbsarbeit reduziert? Wie wurde dir als aufwachsende Frau vermittelt, was du schulisch, akademisch, beruflich erreichen kannst? Welche weiblichen Vorbilder hast du erlebt? Wie ist deine Einstellung zu Geld? Ist sie positiv oder negativ geprägt? „Stinkt Geld"? Oder ist es „geprägte Freiheit"? Wahrscheinlich werden wir hier nie ganz fertig werden, daher lohnt es sich, immer mal wieder in eine Reflexion zu gehen.

N WIE NEGOTIATION-SET AUFBAUEN UND NICHT AUS DER RUHE BRINGEN LASSEN

Die Basis für deinen Verhandlungswerkzeugkasten bilden deine Kompetenzen, Erfolge, Erfahrungen und Stärken. Bist du dir dieser bewusst? Und hast du sie auch zu den entsprechenden Anlässen parat? Schaue im Kapitel „Wie soll meine persönliche Karriere aussehen?" nach und beschäftige dich mit deinen Stärken. Oder schreibe mindestens als Vorbereitung auf Gehaltsanpassungsgespräche ein Erfolgs- bzw. Lerntagebuch. Um zu wissen, was deine Arbeit bzw. deine Position wert ist, mache dich zur Expertin deines eigenen Gehalts. Spreche über Geld und investiere Zeit in das Thema. Wie wirst du in anderen Themen Expertin? Sicherlich nicht, wenn du dich gar nicht oder nur punktuell damit beschäftigst.

Stelle dich in Vorbereitung auf deine Gespräche in die Schuhe deiner Gegenüber. Was ist für sie ein Nutzen aus deinem Pool an Stärken und Erfahrungen? Bereite deine Argumentation entlang dieses Nutzens vor und übe deine Gesprächssituationen mit vertrauten Personen.

D WIE DILEMMA AUFLÖSEN UND DURCHSETZEN AUF DIE „WEIBLICHE ART"

Aufgrund der Gender-Stereotype stecken Frauen in einem Dilemma. Verhalten wir uns analog der Zuschreibung – bescheiden, freundlich, hilfsbereit –, wirken wir sympathisch. Allerdings kennt dann niemand unsere tollen Erfolge, weil wir ja nichts sagen und bescheiden sind. Stellen wir uns aber mit breiten Schultern hin und kommunizieren unsere Erfolge und Kompetenzen, sind diese zwar transparent, aber unter Umständen findet man uns nicht mehr so sympathisch. Egal, wie wir uns entscheiden, es ist gehalts- oder auch karriereschädlich. Was können wir tun? Hier beispielsweise ein Tipp:

Iris Bohnet, die Autorin von „What works", hat herausgefunden, dass Frauen sehr erfolgreich verhandeln können, wenn sie sowohl fordernd (männlich konnotiertes Verhalten) als auch fürsorglich (weiblich konnotiertes Verhalten) auftreten. Indem sie in Verhandlungen zum Beispiel Worte nutzen wie: „sorgen oder auch profitieren." Daraus kann folgender Satz für eine Verhandlung entstehen: „Wenn wir uns auf xy einigen, dann sorge ich dafür, dass in der Abteilung xy passiert. Alle werden davon profitieren."

Kleine Worte, große Wirkung. Sowohl auf der anderen Seite des Tisches führen sie zu mehr Akzeptanz als auch bei den Frauen selbst. Ihnen fällt es oft leichter, die Sätze mit einem Fürsorge-Aspekt auszusprechen.

E WIE ERKENNTNISSE KONSOLIDIEREN UND EIGENEN WEG FINDEN

Nicht alle Tipps und Hinweise, die du hier oder in meinem Buch findest, sind vielleicht gleichermaßen hilfreich für dich. Ich kann dich nur ermuntern, Dinge auszuprobieren, deine eigenen Erfahrungen zu sammeln und immer wieder etwas anzupassen und dich zu verbessen. Auch ich nehme mir regelmäßig Zeit und überprüfe, ob meine Strategien und Vorgehensweisen mich zu meinen gewünschten Ergebnissen bringen und weiterhin zu mir passen. Konkreter Tipp: Schreibe einmal pro Woche oder auch pro Monat das auf, was für dich hilfreich ist und gut funktioniert hat.

R WIE REDEKUNST EINSETZEN UND RHETORISCH GLÄNZEN

Bereite dich sehr genau auf deine Gespräche vor. Definiere deine Ziele und gestalte das Gespräch und den Termin aktiv mit. Sorge dafür, dass deine Themen geklärt werden, und sprich sie aktiv an. Nutze die Macht der Frage und der Pause und achte auf deine Kör-

persprache. Eine positive Grundeinstellung deinen Gesprächspartner:innen gegenüber hilft dir, offen und gelassen zu bleiben. Lasse dich nicht verunsichern, behalte dein Ziel in den Augen und sei dir deiner Stärken und Nutzen sicher.
Ich wünsche dir viel Erfolg und vor allem auch ein wenig Spaß!

DOS

- Wissen, was du willst. Was ist dein nächstes Karriereziel? Was ist das Ziel des Gesprächs?
- Kenne deinen „Marktwert" und lerne, über Geld in Verbindung mit deinen persönlichen Leistungen zu sprechen.
- Alternativen in anderen „Währungen" in petto haben – erweitere den Verhandlungsspielraum, zum Beispiel um ein Weiterbildungsbudget oder eine Sonderzahlung.
- Geben und Nehmen in der Waage halten: Was gibt mir mein Unternehmen, was gebe ich?
- Regelmäßig üben, zum Beispiel, indem du Gehaltsgespräche mit deiner besten Freundin ausprobierst.
- ...

DON'TS

- Nie verhandeln, wenn du nicht vorbereitet bist.
- Nie erpressen! (Und manchmal kommt doch das Leben dazwischen, in dem Fall bitte nur, wenn es das letzte Mittel ist.)
- Nie das Gespräch verlassen ohne einen konkreten Termin oder eine konkrete Vereinbarung, wie es weitergeht.
- Nie verhandeln ohne Puffer. Gib immer mehr an als dein eigentliches Zielgehalt/Zielgehaltspaket.
- Nie spontan eine Zusage machen, immer versuchen, eine Nacht drüber zu schlafen.
- ...

Literatur

Iris Bohnet (2022): What works: Wie Verhaltensdesign die Gleichstellung revolutionieren kann. 2. Aufl. München: C. H. Beck Verlag.
Claudia Irsfeld (2022): Frauen und Gehalt: Weg mit dem Gender Pay Gap. 2. Aufl. München: Marie von Mallwitz Verlag.

„Mein Wunsch: Empfehle jeden Tag eine gute Frau. Wichtig ist, dass wir uns gemeinsam stärken, empfehlen und sichtbar machen!“

PROF. DR. ANJA SENG

Präsidentin vom FidAR e. V. und
Professorin für Betriebswirtschaftslehre, insb.
Personalmanagement an FOM Hochschule

„Frauen unterscheiden sich in vielerlei Hinsicht von Männern. Dies wird oft als Nachteil gesehen, da die Arbeitswelt nach wie vor von Männern dominiert ist, vor allen in den oberen Ebenen. Für mich war meine Art als Frau immer vorteilhaft und hat mir viele Möglichkeiten eröffnet. Insbesondere bei Themen wie Macht, Konkurrenz, Karriere und Selbstführung war meine vermeintliche ‚Andersartigkeit' ein Promotor."

SUSAN PISTORIUS

Vice President People at XXXLdigital

CLAUDIA IRSFELD

Head of People & Development

> Dein Empfinden zeigt dir deine Grenze – vertraue darauf.

LinkedIn

Umgang mit sexuellen Übergriffen am Arbeitsplatz

WAS KÖNNEN WIR MACHEN, WENN ES DOCH PASSIERT?

Neben all den positiven Seiten des Berufslebens gibt es Herausforderungen, an die wir oft nicht denken wollen, die nicht besprechbar erscheinen oder tatsächlich totgeschwiegen werden. So auch das Thema sexuelle Übergriffe. Wir hoffen alle, dass es uns nicht passiert, jedoch spricht die Statistik eine andere Sprache: 50 Prozent aller arbeitnehmenden Personen haben schon einmal einen Übergriff erlebt oder waren Zeug:innen eines solchen. Statista[28] schreibt: „Laut einer Studie, die von der Antidiskriminierungsstelle des Bundes in Auftrag gegeben wurde, war etwa jede elfte erwerbstätige

[28] Statista: Sexuelle Belästigung am Arbeitsplatz nach Geschlecht: https://shorturl.at/ehK03, zuletzt aufgerufen am 12.9.2023.

Person in den letzten drei Jahren von sexueller Belästigung am Arbeitsplatz betroffen. Etwa 13 Prozent der Frauen gaben zwischen Juni 2018 und Mai 2019 an, in ihrem beruflichen Umfeld sexuell belästigt worden zu sein. Unter den Männern waren derweil fünf Prozent davon betroffen."

Auch bei uns im Unternehmen wurde ein Vorfall bekannt. In meiner Rolle als Personalleiterin hat es mich herausgefordert und als Frau einfach nur erschüttert. Hier soll es nicht um den damaligen konkreten Fall gehen, sondern um eine Sensibilisierung und die Erkenntnisse, die wir aus dieser Erfahrung gezogen haben.

DIE RECHTLICHE BASIS: WAS IST „SEXUELLE BELÄSTIGUNG" UND WAS IST ES NICHT?

Eine sexuelle Belästigung wird juristisch als Benachteiligung im Sinne des Allgemeinen Gleichbehandlungsgesetzes (AGG) eingeordnet. So regelt § 3 Absatz (Abs.) 4 AGG, wann es sich allgemein um sexuelle Belästigung handelt: „Eine sexuelle Belästigung ist [...] ein unerwünschtes, sexuell bestimmtes Verhalten, wozu auch unerwünschte sexuelle Handlungen und Aufforderungen zu diesen, sexuell bestimmte körperliche Berührungen, Bemerkungen sexuellen Inhalts sowie unerwünschtes Zeigen und sichtbares Anbringen von pornographischen Darstellungen gehören, [das] bezweckt oder bewirkt, dass die Würde der betreffenden Person verletzt wird, insbesondere wenn ein von Einschüchterungen, Anfeindungen, Erniedrigungen, Entwürdigungen oder Beleidigungen gekennzeichnetes Umfeld geschaffen wird."

Das Verhalten muss also bezwecken oder doch zumindest bewirken, dass die Würde der angezielten Person verletzt, dass sie unter Verletzung ihres Rechts auf Selbstbestimmung sexualbezogen beschämt wird. Das missbilligte Verhalten muss nicht vorsätzlich sein. Für das vom Gesetz verlangte „Bewirken" genügt der bloße Eintritt der Belästigung. Dafür kann auch ein einmaliges, sexuell bestimmtes Verhalten ausreichen. Maßgeblich ist hier für die Einordnung das Empfinden der belästigten Person. Nur sie kann entscheiden, ob das entsprechende Verhalten einvernehmlich ist oder sie es als belästigend empfindet.

Im Arbeitskontext werden nicht selten berufliche Nachteile angedroht, sollte die Person die sexuelle Handlung nicht hinnehmen oder erwidern wollen. Dabei kann die Androhung explizit ausgesprochen werden oder, wie in den meisten Fällen, unausgesprochen klar sein. Gleichfalls kann aber auch ausgesprochen werden oder klar sein, dass bei einem Entgegenkommen berufliche Vorteile erwartet werden dürfen.

Was ist es nun, ein Flirt oder eine sexuelle Belästigung? Die Grenze ist schmal, aber zumindest diesbezüglich eindeutig. Handelt es sich um einen Flirt, dann sind beide Seiten einverstanden, sprich beide wollen flirten. Sobald aber eine Seite dieses nicht möchte, ist es eine sexuelle Belästigung. Dazu zählt alles, was oben im AGG im § 3 Abs. 4 beschrieben ist. Unterscheiden können wir dies in der Situation sehr einfach: Ein Flirt fühlt sich gut an und löst angenehme Gefühle in uns aus, ein Übergriff lässt uns unwohl fühlen.

In vielen Fällen, in denen sich eine Person belästigt fühlt, stellt sie sich selbst und ihr eigenes Verhalten in Frage. Das nicht zuletzt, weil ihr in vielen Fällen Überempfindlichkeit vorgehalten wird, wenn sie eine Grenze setzt. Dann hört sie vielleicht: „Das war doch nicht so gemeint!", „Jetzt sei bloß nicht so empfindlich!" oder „Oh Mann, jetzt kann man noch nicht mal mehr einen Witz machen." Hier dreht sich der Spieß um: Nicht das belästigende Verhalten wird als Problem gesehen, sondern das Verhalten der Person, die belästigt wird, wird zum Problem gemacht ... perfide! Zusätzlich entsteht bei Betroffenen nicht selten das Gefühl, selbst etwas zu der Situation beigetragen zu haben und somit gar kein Recht zu haben, sich zur Wehr zu setzen.

WELCHE ARTEN VON SEXUELLER BELÄSTIGUNG GIBT ES?

Im Rahmen von sexueller Belästigung werden verbale, non-verbale und physische sexuelle Belästigungen unterschieden. Was bedeutet das konkret? Unter **verbaler sexueller Belästigung** lässt sich alles zusammenfassen, was im Zusammenhang mit unerwünschten Bemerkungen, Kommentaren mit sexuellem Inhalt, zum Beispiel anzüglichen Witzen, Beschreibungen sexueller Handlungen, sexualisierte Aufforderungen etc. steht. Allgemein ist festzuhalten, dass sexualisierte Sprüche, Kommentare oder auch nur Anspielungen am Arbeitsplatz nichts verloren haben. Plakativ ein Beispiel: Ein Mann sagte zu seiner Kollegin, dass er gern ein sexuelles Erlebnis mit ihr hätte. Zu anderer Zeit sagte er, während sich die Kollegin mit einer anderen Kollegin über Bademode unterhielt, er würde gerne wissen, ob sie oben ohne bade. In einer anderen Situation fragte er die Kollegin, ob sie denn einen Platz zum Baden kenne, er habe Handtücher dabei. Der Äußernde verteidigte sich, „wie es so oft der Fall ist", mit einem flapsigen Umfeld. Andere Beispiele sind: „Wie wäre es denn mit uns?" oder „Du bist eingebildet, kein Wunder, dass du keine Männer kriegst." All dies sind sexuelle Belästigungen, weil ein Bezug zur Sexualität besteht.

Man(n) sollte sich daher merken: Auf ein – selbst wenn es so ist – flapsiges und „härteres" Umfeld kann sich die äußernde Person nicht berufen, weil die Arbeitswelt kein rechtsfreier Raum ist, in dem auf das Verständnis für diese Art von Sprüchen spekuliert werden darf. Die äußernde Person trägt bei sexuell bezogenen Äußerungen das volle Risiko dafür, dass ihre Aussage richtig ankommt. Das AGG führt in § 13 Abs. 1 bewusst die Formulierung „benachteiligt fühlen" ein, um die subjektive Ebene zu stärken. Hier spielt die Prävention eine besonders wichtige Rolle. Es geht darum, ein Arbeitsumfeld zu kreieren, das keine derartigen Räume öffnet und toleriert.

Zu **non-verbaler sexueller Belästigung** zählen u.a. unerwünschte anzügliche Gesten, Zeichen oder auch Blicke, wie Starren auf Geschlechtsteile oder auch das Aufhängen, Zeigen oder Verschicken von pornographischen Texten und Bildern. Auch dazu gibt es entsprechende Gerichtsurteile, die ganz klar auffordern, zum Beispiel das Anbringen von pornographischen Kalendern zu untersagen.

Beispiele für **physische sexuelle Belästigung** sind in Anlehnung an „Grenzen setzen – Was tun bei sexueller Belästigung am Arbeitsplatz" von der Antidiskriminierungsstelle des Bundes[29]: bedrängende Nähe, „zufällige" Berührungen von Geschlechtsteilen oder auch unerwünschte Nackenmassagen sowie Ablegen der Hand auf dem Bein, Kneifen in den Po oder auch der „Klaps auf den Po".

Bei Berührungen ist der Maßstab somit offensichtlich einfacher zu bestimmen: Leichte Berührungen an Rücken oder Schulterbereich sind beim mehrmaligen Anfassen sexuell bestimmt, im „intimeren" Bereich wie Haaren oder bei einer Umarmung bereits beim ersten Mal. Auch hier trägt die Person, die berührt, das Risiko der Akzeptanz. Es gibt keine pauschale Einwilligung. Aus dem Verhalten muss sich, wie zum Beispiel beim Händeschütteln durch das Entgegenkommen, eine Einwilligung ableiten lassen. Insbesondere kann nicht darauf vertraut werden, die berührte Person würde etwas dagegen sagen, wenn sie es nicht will. Das ist kein Indiz für eine Einwilligung. Grundsätzlich geschieht somit erst einmal jede Berührung gegen den Willen der anderen Person.

Viele Frauen nehmen sexuelle Belästigung nicht als diese wahr, da es gesellschaftlich eher zu ihrem „normalen" Erleben und Alltag dazugehört. Weitere ausführliche Informationen zur Wahrnehmung von Sexismus finden sich in der Pilotstudie des Bundesministeriums für Familie, Senioren, Frauen und Jugend: „Sexismus im Alltag. Wahrnehmungen und Haltungen der deutschen Bevölkerung"[30].

Wenn dir etwas passiert, dann dokumentiere den Vorfall so genau wie möglich. Wer, was, wann, wie, wer war dabei, hat was gehört, gesehen, getan etc. Ggf. können sich Prozesse hinziehen und so kannst du immer wieder auf deine Aufzeichnungen zurückkommen. Sei hier lieber genauer und schreibe eher mehr als weniger auf.

Reflexion: Was ist dir passiert und was hast du vielleicht als „nicht so schlimm" abgetan? Wie erging es anderen Personen in deinem Unternehmen?

[29] Grenzen setzen. Was tun bei sexueller Belästigung am Arbeitsplatz. Herausgegeben von der Antidiskriminierungsstelle des Bundes: https://shorturl.at/dfmtT, zuletzt aufgerufen am 12.9.2023.

[30] Sexismus im Alltag. Wahrnehmungen und Haltungen der deutschen Bevölkerung. Pilotstudie des Bundesministeriums für Familie, Senioren, Frauen und Jugend: https://shorturl.at/lJS25, zuletzt aufgerufen am 12.9.2023.

WELCHE VERPFLICHTUNGEN HABEN ARBEITGEBENDE UNTERNEHMEN?

Das AGG regelt auch, was von Arbeitgebern gefordert wird. So heißt es in § 12 Abs. 3: „[...] Arbeitgeber [haben] die [...] geeigneten, erforderlichen und angemessenen Maßnahmen zur Unterbindung der Benachteiligung wie Abmahnung, Umsetzung, Versetzung oder Kündigung zu ergreifen." Das heißt, sie haben die Pflicht, Mitarbeitende, auch durch vorbeugende Maßnahmen, zu schützen. Gleichzeitig hat der Arbeitgeber gegenüber dem belästigenden Arbeitnehmer die im Einzelfall „angemessenen und verhältnismäßigen" arbeitsrechtlichen Maßnahmen wie Abmahnung, Umsetzung oder Versetzung zu ergreifen (§ 12 Abs. 3 AGG). Reicht eine Abmahnung nicht aus, um die Fortsetzung sexueller Belästigungen mit der gebotenen Sicherheit zu unterbinden, und kommt eine Umsetzung oder Versetzung des Störers nicht in Betracht, kann der Arbeitgeber grundsätzlich mit einer Kündigung reagieren. Eine sexuelle Belästigung am Arbeitsplatz durch einen Vorgesetzten ist – je nach Umfang und Intensität – ein wichtiger Grund zur außerordentlichen Kündigung. Arbeitnehmende, die belästigt wurden, haben das

Wie ist es mit der strafrechtlichen Seite?

§ 184i Strafgesetzbuch (StGB) stellt die sexuelle Belästigung ausdrücklich unter Strafe. Zu beachten ist allerdings, dass sich die „strafrechtliche Definition" der sexuellen Belästigung von der des AGG unterscheidet. Zur Verwirklichung des Straftatbestands muss der Täter auf das Opfer unmittelbar körperlich einwirken („Hands-on-Delikt"). Hierfür ist der Kontakt des Täters mit seinem eigenen Körper am Körper des Opfers erforderlich. Gänzlich körperlose Angriffsarten, oder lediglich verbale Einwirkungen auf das Opfer, werden von dem Straftatbestand nicht erfasst. Im Falle der Verwirklichung des Straftatbestands droht dem Täter eine Freiheitsstrafe bis zu zwei Jahren oder eine Geldstrafe. In besonders schweren Fällen, zum Beispiel, wenn die Tat von mehreren Tätern gemeinschaftlich begangen wird, droht eine Freiheitsstrafe von drei Monaten bis zu fünf Jahren.

Recht, sich zu beschweren und unter Umständen die Arbeitsleistung zu verweigern und ggf. Schadenersatz einzufordern. Kommt es zu einer Anzeige und damit zu einer strafrechtlichen Verfolgung, kann es zu Geld- oder sogar auch zu Freiheitsstrafen kommen.

In unserem Unternehmen haben wir unseren internen Verhaltenskodex weiter konkretisiert, diesen im Onboarding aufgenommen, unsere Führungskräfte sensibilisiert und den Umgang mit Übergriffen im Arbeitskontext diskutiert. Weiterhin haben wir eine Whistleblower-Hotline etabliert und sind in der Entscheidungsphase, um Vertrauenspersonen an unseren Standorten aufzubauen. Die Vertrauenspersonen sollen dabei keine formale Rolle einnehmen, sondern zur mentalen Unterstützung zur Seite stehen. So viel zur grundsätzlichen Einordnung. Was mache ich aber als Frau, wenn etwas passiert?

WIE KANNST DU MIT SEXUELLEN ÜBERGRIFFEN UMGEHEN?

Bei uns in der Organisation haben wir im Rahmen einer BarCamp-Session auf Initiative von Women@4C eine Vorgehensweise zum Umgang mit sexuellen Übergriffen erarbeitet. Bei dieser Sitzung war unser Vorstand und Gründer Hans-Martin Schneider dabei, der wichtige Impulse geliefert und sowohl durch seine Anwesenheit als auch durch sein glaubhaftes Engagement signalisiert hat: Das Unternehmen toleriert keine Übergriffe. Wichtig war uns, dass wir am Ende für alle Mitarbeitenden im Unternehmen konkrete Vorschläge für Verhaltens- und Vorgehensweisen im Umgang mit Übergriffen im Arbeitskontext erarbeitet hatten.

Unsere Ergebnisse für Betroffene von sexuellen Übergriffen in Kurzfassung:
- Nimm dein Gefühl ernst.
- Sei dir deiner Grenzen bewusst.
- Steh zu deinen Grenzen.
- Das Unternehmen steht hinter dir.

Verhaltens- und Vorgehensweisen im Umgang mit Übergriffen im Arbeitskontext

1. **Je früher, desto besser** – Wenn dir etwas unangenehm ist, setze so früh wie möglich ein Stopp-Zeichen.
2. **Je klarer, desto besser** – Tätige eine klare Aussage und setze ein Stopp-Zeichen.
3. **Je transparenter, desto besser** – Auch wenn der Vorfall für dich zunächst erledigt ist, solltest du deine Führungskraft/Projektleitung über den Vorfall informieren.
4. **Unterstützung ist gefragt** – Wenn du bemerkst, jemand wird bedrängt und kann gerade nicht selbst agieren, sprich die Situation an und/oder versuche, die Person aus der Situation herauszunehmen.

Sofern du dich auf die Situation vorbereiten kannst, hilft dir die W-W-W-Formel bei der Vorbereitung deiner Sätze. Hier eine Anwendungsmöglichkeit:

Die W-W-W-Formel – Beispiel

W Wahrnehmung Zahlen, Daten, Fakten: Beobachtung	**W Wahrnehmung** „Du, mir fällt auf, die letzten x Male warst du auch immer an der Kaffeemaschine anzutreffen, als ich da war."
W Wirkung Die Auswirkung auf mich – jemand anderen	**W Wirkung** „Das irritiert mich. Ich interpretiere das so ... da ist von deiner Seite über das Berufliche hinaus Interesse. Ist das richtig?"
W Wunsch Wunsch, Bitte, Nachfrage, Forderung, Vorschlag, es anders zu machen, formulieren	**W Wunsch** „Falls dem so ist, möchte ich das nicht. Bitte lass uns auf der professionellen Ebene bleiben. Gleichfalls möchte (4C/mein Unternehmen) das nicht und in einem solchen Falle muss ich (meine Führungskraft/xy) informieren."

Wenn dir etwas unangenehm ist, setze bitte so früh wie möglich ein Stopp-Zeichen. Das gilt sowohl in jeder internen Situation als auch in der Interaktion mit Kunden. Hier ein paar Beispielsätze:
- „Nein, lass das."
- „Stopp, mich stört das."
- „Wenn du XY sagst/machst, dann ist mir das unangenehm, bitte lasse es sein/unterlasse das."
- „Wir arbeiten hier auf einer beruflichen Basis zusammen, lassen Sie uns dabei bleiben. Etwas anderes möchte ich nicht."
- „Wir haben eine strikte Conflict of Interest-Regelung. Es ist von meinem Unternehmen nicht gewollt und nicht geduldet, Privates und Berufliches zu vermischen. Daher lassen Sie uns weiterarbeiten. Passt das für Sie?"

Ein vorher geübtes Repertoire an Möglichkeiten, ein verbales Stopp-Zeichen zu setzen, hilft dir in entsprechenden Situationen, dieses schnell abzurufen.

Oft kommt es bei Personen, die belästigt werden, erst einmal zu einer „Nichtreaktion" im Sinne von „Die Situation hat mich total überfordert, ich konnte gar nichts sagen oder machen." Um diese Verhaltensstarre zu überwinden, ist es unserer Überzeugung nach äußerst wichtig, sich auf ein paar Szenarien einzustellen bzw. ein Verhaltensskript für diese Situationen zu entwickeln. Neben reinen Überlegungen, was du tun kannst, ist es essenziell, ins Handeln bzw. ins Üben zukommen.
Und trotzdem gelingt es manchmal nicht, in der konkreten Situation zu reagieren. Wenn es dir so ergeht, dann ist das eine ganz normale Reaktion auf eine unnormale Situation! Auch wenn die Situation schon vorbei ist und du nicht gehandelt hast, kannst du dich noch zur Wehr setzen. Du kannst die Person nachträglich mit ihrem Verhalten konfrontieren. Dazu kannst du dir auch Unterstützung/Begleitung mitnehmen. Oder du kannst die übergriffige Person schriftlich mit ihrem Verhalten konfrontieren. Wenn du dich mit der Situation allein überfordert fühlst und Unterstützung möch-

test, kannst du dich auch an deine Führungskraft oder eine andere Ansprechperson wenden. Und falls du dir unsicher bist, ob du die Situation richtig einschätzt und nicht weißt, was du tun könntest, kannst du dich auch an eine interne Beratungs-/Beschwerdestelle oder auch an eine externe Beratungsstelle für Frauen wenden. Diese Stellen beraten anonym und kostenfrei und du kannst erst einmal Informationen einholen und dich vertraulich beraten lassen, ohne dass irgendetwas in deiner Firma ins Rollen kommt.

Unser Tipp:
Eine mentale Vorbereitung UND ein tatsächliches Simulieren der Situation erhöhen die Wahrscheinlichkeit, reagieren zu können.

SAMMLUNG AN REAKTIONSMÖGLICHKEITEN

Zum Umgang mit verbalen, non-verbalen oder auch physischen Übergriffen habe ich mir weitere Gedanken gemacht. Die Ideen erheben keinen Anspruch darauf, „richtig“ oder „falsch“ oder „in jeder Situation einsetzbar“ zu sein. Ich schlage vor, sie eher als eine erste Sammlung an Reaktionsoptionen und Inspiration zu sehen. Überlege einmal, wie du reagieren könntest, um ein Verhaltensskript zu haben.

Dir wird in den Ausschnitt gestarrt: Blickkontakt aufbauen. Hand heben und mit erhobenem Zeigefinger die Geste *„Nein-Nein“* signalisieren. Nichts sagen. Dann Blickkontakt halten, halten, halten. Dies ist ein eindeutiges **Zeichen**, mit dem du die Situation in die Hand nimmst. Die meisten Menschen werden wahrscheinlich zumindest einmal irritiert sein. Wenn das nicht verstanden wird, kannst du auf die verbale Vorgehensweise schwenken.

Das Verhalten der belästigenden Person zu **spiegeln** kann ebenfalls funktionieren. Dir wird nachgepfiffen und hinterhergestarrt. Du pfeifst und starrst ebenfalls hinterher. Die Person bekommt so die Gelegenheit, ihr Verhalten zu überdenken. Gleichzeitig gilt es vorsichtig zu sein, um nicht in eine „Spirale“ hineinzukommen, die das unerwünschte Verhalten befeuert, ggf. kannst du mit einem klaren verbalen Stopp-Zeichen eine weitere Grenze setzen: *„Ich möchte das nicht, unterlasse das bitte.“*

Du kannst natürlich auf non-verbale Übergriffe auch verbal reagieren. Vor einem klarem *„Nein“* oder der Aufforderung zur Unterlassung des Verhaltens könntest du es auch mit einer Irritation probieren – natürlich nur, wenn es die Situation für dich zulässt. Eine verbale Gegenwehr hat den Vorteil, dass du gehört wirst – und das nicht nur von der Person, die belästigt, sondern auch von anderen Personen, die sich in der Nähe aufhalten. Das ist meist etwas, was die übergriffige Person nicht möchte und ihr die Energie entzieht. Eine mögliche verbale **Irritation** könnten sich so anhören: *„Jetzt malen Sie mal nicht den Mann an die Wand …“* – schauen, schauen, schauen. *„Ja, ja, nun loben wir mal nicht den Abend vor dem Mann …“* – schauen, schauen, schauen. *„Wer einmal schaut, der schaut auch zweimal …“* – schauen, schauen, schauen.

Ein physischer Übergriff ist für mich und für viele andere Frauen noch einmal eine Kategorie gravierender. Ich habe mir Folgendes vorgenommen: Sollte mir einmal im Geschäftsleben unpassender Weise eine Hand auf mein Bein gelegt werden, dann werde ich diese einfach auf das Bein der Person zurücklegen. Quasi den **Übergriff zurückgeben**. Vielleicht reicht das, vielleicht sage ich dann noch: *„Da haben Sie sich wohl im Bein vertan, richtig!?!“* Blickkontakt halten … weitermachen. Oder ich werde die Hand von meinem Bein nehmen und an den Kopf der Person legen: *„Da kratz dich mal am Kopf, ob das eine gute Idee war.“* Auch hier gilt, wenn das nicht verstanden wird, lass ein klares *„Bitte unterlasse das, ich möchte das nicht“* folgen.

Vielleicht möchtest du auch weniger salopp agieren, dann kannst du **W-W-W** anwenden, siehe oben, im Sinne von: **W**ahrnehmung: Was passiert hier gerade? *„Du hast mir gerade in den Ausschnitt geschaut“* – **W**irkung: Was löst das bei mir aus? *„Das überschreitet meine Grenze und ist mir unangenehm“* – **W**unsch: Was fordere ich für die Zukunft? *„Lasse es sein!“*

Auch eine völlig **absurde Reaktion** wie „Bellen wie ein Hund" kann eine belästigende Situation schnell beenden.

BELÄSTIGUNG EINER ANDEREN PERSON

Bisher stand die Belästigung der eigenen Person im Fokus. Aber was kannst du tun, wenn du siehst, dass eine andere Person belästigt wird? Als Ergebnis unseres Austausches in unserem Unternehmen lässt sich kurz und knapp zusammenfassen: Es ist wichtig, in die Situation einzugreifen. Frage zum Beispiel, was hier gerade passiert. Kläre, ob das stattfindende Verhalten für alle in Ordnung ist. *Wenn es nötig ist, führe die Person, die belästigt wird, aus der Situation heraus.*

Fazit

Wichtig ist, dass du

- deine eigenen Gefühle ernst nimmst,
- deine persönlichen Grenzen kennst,
- weißt, dass deine Grenze richtig ist,
- weißt, dass du nicht schuld bist,
- den Übergriff transparent machst, speziell, wenn du nicht allein handeln möchtest,
- dich mit dem Thema auseinandersetzt und Situationen simulierst, damit du ein Verhaltensskript hast, wenn es doch passiert,
- andere Personen unterstützt, wenn sie belästigt werden – egal, welchem Geschlecht sie angehören.

Allgemein können wir uns alle präventiv verhalten: Lasst uns über das Thema sexuelle Belästigung sprechen, sodass es aus der Tabu-Ecke herauskommt und es für Betroffene nicht mehr so schwierig ist, drüber zu sprechen. Außerdem können wir alle für eine Atmosphäre sorgen, in der kein Raum für Übergriffigkeiten vorhanden ist, indem wir die Grenzen der anderen respektieren und unsere Grenzen kommunizieren. Ein sehr wichtiges Übungsfeld für uns alle!

EINE PERSÖNLICHE EINSCHÄTZUNG ZUM SCHLUSS

Im Zug des Entstehens dieses Kapitels wurde ich gefragt: „Was würdest du Frauen empfehlen, die sexuelle Belästigung erleben, sich aber bzgl. der Position ihres Arbeitgebers nicht sicher sind bzw. konkrete Nachteile fürchten?"

Leider ist das tatsächlich häufig ein Fakt und Realität für Betroffene. Auf Dauer Übergriffen sowie der Angst vor Karrierenachteilen ausgesetzt zu sein macht krank und sollte nicht hingenommen werden. Neben allen rechtlichen Verpflichtungen finde ich es grundsätzlich wichtig, dass Unternehmen zumindest eine offizielle Aussage zum Umgang mit Übergriffen treffen, zum Beispiel einen „Code of Conduct" veröffentlichen und die Haltung im Rahmen des Onboardings bzw. in internen Informationsveranstaltungen klar gemacht wird. Wenn es das alles nicht gibt, dann lässt sich das zum Anlass nehmen und eine Auseinandersetzung damit vorschlagen, damit das Unternehmen ein offizielles Statement dazu abgibt und weitere Maßnahmen angeht wie Sensibilisierungstrainings, Einrichtung von Beschwerdestellen/Whistleblower-Hotlines.

In Bezug auf mich als Frau und meinen Umgang mit Übergriffen würde ich mich zunächst immer fragen: Was war das jetzt hier gerade für mich? Kann und will ich damit allein fertig werden?

Meine Antwort würde JA lauten,
- wenn ich ein Stopp-Zeichen gesetzt habe und der Groschen auf der anderen Seite gefallen ist,
- wenn die belästigende Person sich entschuldigt hat und ich gemerkt habe, es tut ihr wirklich leid, und
- wenn ich den Eindruck habe, es passiert nicht noch einmal.

Meine Antwort würde NEIN lauten,
- wenn es trotz Stopp-Zeichen bereits öfter passiert ist,
- wenn es für mich nicht mit einer Entschuldigung getan wäre,
- wenn die Grenzverletzung und der Übergriff für mich gravierend sind.

Sofern meine Antwort „Nein" wäre, dann würde ich das Unternehmen hinzuholen mit der Erwartung, dass mein Anliegen ernst genommen und die Pflicht des Schutzes wahrgenommen wird. Mit welchen Konsequenzen (Abmahnung, Versetzung, Kündigung) die belästigende Person zu rechnen hat, ist vom Einzelfall abhängig. Wenn ich das Gefühl hätte, ich werde mit meinem Anliegen von Unternehmensseite aus nicht ernst genommen, zum Beispiel von meiner Führungskraft, dann würde ich den Fall entschlossen „weitertragen" zur HR-Abteilung, zur Beschwerdestelle oder Whistleblower-Hotline.

Dann käme es für mich darauf an, was daraufhin passiert. Ist das „Nicht-ernst-nehmen" von einer Person abhängig oder gibt es hier ein strukturelles Problem, das nicht angegangen wird und meine Hinweise verhallen lässt? Im letzteren Fall wäre es für mich ein Anlass, das Unternehmen zu verlassen.

Reflektion und Dank

Dieser Beitrag ist wahrscheinlich der Beitrag in diesem Buch, der am meisten diskutiert, hin und her gewälzt und immer auch mal wieder verworfen wurde. Ich persönlich war zerrissen. Auf der einen Seite ist es meine Überzeugung, dass nur wenn wir auch über dieses Thema sprechen, es anders und besser werden kann. Das Thema ist wichtig und gehört (leider) zur Erlebniswelt von vielen Frauen im Geschäftsleben. Also muss es unbedingt hier in das Buch hinein. Auf der anderen Seite ist es ein sehr komplexes, umstrittenes und eben ein Tabu-Thema, zu dem an manchen Stellen Wissen und Sicherheit im Umgang fehlen. Das macht die Auseinandersetzung definitiv nicht leichter. Also, warum mache ich mir diesen Stress? Weil es eben ein solches Tabu-Thema ist, das besprechbar werden soll!

Und um dem Thema gerecht zu werden, habe ich mir Unterstützung geholt. Diese Unterstützung war unendlich wertvoll und für diese bin ich sehr dankbar. Mein herzlichster Dank geht an Anna Schenke und Mirjam Spies. Anna Schenke ist Rechtsanwältin und Spezialistin für Arbeitsrecht bei Heuking Kühn Lüer Wojtek. Sie hat bei der rechtlichen Einordnung dieses Themas maßgeblich mitgewirkt.

Mirjam Spies ist Mitarbeiterin bei der Beratungsstelle Frauennotruf München und hat ihre praktische Expertise aus ihren Fortbildungen vor allem im Bereich „Sexuelle Belästigung am Arbeitsplatz“ und aus ihrer langjährigen Beratungserfahrung eingebracht.

Alle, die hier mitgewirkt haben, hoffen, dass du für dich persönlich oder auch für dein Unternehmen Anregungen findest, das Thema „Umgang mit Übergriffen“ besprechbar zu machen. Wenn du und/oder dein Unternehmen schon weiter bist/seid und wir von dir/euch lernen können – komm/t sehr sehr gerne auf uns zu!

„Egal, in welcher Rolle du bist. Bleibe nicht
in der Tatenlosigkeit, sondern gehe los.
Mache den ersten Schritt und komme ins Handeln,
nur so können sich die Dinge ändern, besser werden.“

Claudia Irsfeld

Literatur

Grenzen setzen. Was tun bei sexueller Belästigung am Arbeitsplatz.
Herausgegeben von der Antidiskriminierungsstelle des Bundes:
https://shorturl.at/dfmtT, zuletzt aufgerufen am 12.9.2023.
Sexismus im Alltag. Wahrnehmungen und Haltungen der deutschen Bevölkerung.
Pilotstudie des Bundesministeriums für Familie, Senioren, Frauen und Jugend:
https://shorturl.at/lJS25, zuletzt aufgerufen am 12.9.2023.
Statista: Sexuelle Belästigung am Arbeitsplatz nach Geschlecht:
https://shorturl.at/ehK03, zuletzt aufgerufen am 12.9.2023.

„Frauen studieren, haben Top-Abschlüsse und wählen zunehmend auch MINT-Fächer. Die Ingenieurin ist keine Ausnahme mehr. Viele Männer übernehmen Verantwortung für die Betreuung ihrer Kinder, immer mehr Frauen tragen immer mehr Verantwortung im beruflichen Umfeld. Ein stereotypes Denken hilft uns daher gesellschaftlich nicht weiter. Es geht vielmehr darum, zu überlegen, wie wir Frauen und Männer in relevanten Netzwerken zusammenbringen, um die Gesellschaft und Arbeitswelt der Zukunft gemeinsam zu gestalten."

BRITTA GAYKO

Geschäftsführerin Commerz Business Consulting GmbH (CBC)

SOPHIE JASMIN ANSPACH
Werkstudentin
Human Resources Management

und

LEONIE BÖHM
Werkstudentin
Human Ressource
Management

LinkedIn

LinkedIn

Das Leben ist zu kurz
für „irgendwann“.
(Ciara Geraghty)

Nachhaltiger persönlicher Erfolg

7 GEWOHNHEITEN, DIE DICH STÄRKEN

Egal, in welcher Lebensphase du dich befindest, bestimmt hast du dich schon mal gefragt: Was muss ich eigentlich alles beachten oder tun, um erfolgreich zu sein und meine Ziele zu erreichen? Speziell in den Anfängen der eigenen Karriere oder sogar noch als Studierende setzt man sich viel mit Fragen auseinander wie:

- Was möchte ich in meinem Leben erreichen?
- Was sind meine Interessen und Bedürfnisse?
- Für welche Werte möchte ich mich einsetzen?
- Welchen Weg schlage ich für mein Leben ein?
- Wenn ich ein Ziel gefunden habe, wo fange ich an?

Für welchen Weg du dich auch entscheidest: In diesem Kapitel beschreiben wir sieben Fähigkeiten, die unserer Meinung nach maßgeblich für den persönlichen Erfolg sind und euch in euren individuellen Zielen unterstützen können: Visionen, Prioritäten, Macht, Networking, Risikobereitschaft, kreatives Denken und Serendipity.[31]

1. VISIONEN

Unter der Vision wird die Formulierung von mittel- und langfristigen Zielbildern für das persönliche Handeln verstanden. Sie versetzt dich in die Lage, deine eigenen Gedankengänge und deine Erfahrungen zu reflektieren sowie in die Zukunft gerichtet zu planen. Die Bildung einer eigenen Vision hilft dir bei der Orientierung. Durch den übergeordneten Sinn fallen dir Ziel- und Entscheidungsfindungen leichter und deine Motivation profitiert. Außerdem erhöht strukturiertes und zielorientiertes Handeln deine eigene Leistungseffizienz, die Qualität deiner Entscheidungen und das kompetente Auftreten gegenüber anderen. Bei der Konzeption einer Vision solltest du immer darauf achten, dass diese klar formuliert, realistisch, ambitioniert sowie auf einen langfristigen Zeithorizont ausgerichtet ist. Außerdem sollte die eigene Vision kompatibel mit den eigenen Werten und Überzeugungen sein sowie eine positive Auswirkung auf andere Menschen haben. Zudem sollte die Vision so flexibel sein, sodass sie sich im Laufe der Zeit an veränderte Umstände und Gegebenheiten anpassen kann.[32] Gerade weil unsere Welt so dynamisch und schnelllebig ist und unzählige Möglichkeiten für die Gestaltung unseres Lebens geboten werden, ist es wichtig, eigene übergeordnete Ziele zu haben, die Orientierung geben, nach denen wir streben können und die uns motivieren.

[31] Die Zusammenstellung dieser sieben Fähigkeiten basiert auf der Abbildung „Orientierungshilfen für erfolgreiches IT-Management“ aus: Ernst Tiemeyer (Hrsg.) (2017): Handbuch IT-Management – Konzepte, Methoden, Lösungen und Arbeitshilfen für die Praxis. München: Carl Hanser Verlag, S. 61.

[32] Vgl. Purpose-Studie „Great at Work“ von Morten Hansen sowie: Stephen R. Covey (2018): Die 7 Wege zur Effektivität. Prinzipien für persönlichen und beruflichen Erfolg. Offenbach: GABAL.

2. PRIORITÄTEN

Um persönlich erfolgreich zu sein, sind Prioritäten essenziell. Im Arbeitsalltag wird angesichts der vielen verschiedenen Aufgabenfelder und Verantwortlichkeiten die Zeit oft knapp. Wichtig ist hierbei der Fokus auf das Wesentliche und die wichtigsten Aufgaben. Differenziere anstehende Aufgaben hinsichtlich Dringlichkeit, Wichtigkeit und ggf. auch Notwendigkeit und achte auf Disziplin bezüglich deiner Vorgehensweise und Zielerreichung. Für eine visualisierte Strukturierung sind vor allem Check- und To-do-Listen oder auch farbige Notizen sowie terminierte Erinnerungen hilfreich. Achte außerdem auf Flexibilität in deiner persönlichen Planung und sei offen für Richtungsänderungen und ein Umdenken der Prioritäten. Hierfür ist ein regelmäßiges Überprüfen und ggf. Anpassen der Einstufung empfehlenswert. Der erfolgreiche Einsatz von Prioritäten kann sich positiv auf deine Effizienz und Selbstmotivation auswirken.[33] Das Setzen von Prioritäten begegnet uns alltäglich und in den verschiedensten Lebensbereichen. Wir nehmen in unserem Alltag mehrere unterschiedliche Rollen ein, sei es als Kolleg:in, Freund:in, Trainer:in, Partner:in, Student:in oder Führungskraft. Die richtige Priorisierung von Aufgaben ist hierbei essenziell, um einen guten Überblick zu behalten. Studierende beispielsweise müssen oftmals die Arbeits-, Hochschul- und Privatwelt miteinander vereinen. Ohne eine angemessene Priorisierung und Strukturierung wäre es nicht mehr möglich, die verschiedenen Verantwortlichkeiten zu koordinieren und Pflichten zu erfüllen.

„Ich kann Frauen nur raten, nicht beim ersten Buh den Kopf einzuziehen. Brust raus, weitermachen."

Stella McCartney

[33] Vgl. Jochen Theurer (2017): Prioritäten setzen. In: Ders.: Resilienz in rechtsberatenden Berufen. Strategien zur Erhöhung der eigenen Selbstwirksamkeit. Wiesbaden: Springer Gabler, S. 21–26; sowie: Enica Romanic (2022): Prioritäten setzen. In: Dies.: Geheimwaffe: Assistenz III. Agiles Selbstmanagement und Zeitmanagement. Wiesbaden: Springer Gabler, S. 53–57.

3. MACHT DURCH WISSEN

Eine weitere erfolgsversprechende Dimension ist Macht durch Wissen. Hierbei spielt der Grundsatz des lebenslangen Lernens eine große Rolle. Dich stetig weiterzuentwickeln hilft, deine Fähigkeiten auszubauen und dich der dynamischen Umwelt und dem technischen, wirtschaftlichen, demografischen, sozialen und politischen Wandel anzupassen. Lernen kann man nicht nur aus eigenen Erfahrungen oder aus denen anderer, sondern auch durch das Heranziehen von Expert:innen, das Wahrnehmen von Fort- und Weiterbildungsmaßnahmen oder der Neuverknüpfung vorhandenen Wissens. Nutze diese unterschiedlichen Kanäle und schöpfe so dein Lern- und Wissenspotenzial voll aus. Die eigene Expertise ermöglicht es dir, Einfluss zu haben, Selbstvertrauen zu gewinnen und Chancen besser erkennen zu können. Die eigenen Intuitionen helfen dir ebenfalls. Reflektiere die Inhalte, die dir vermittelt werden, und mache die für dich relevanten Informationen nutzbar.[34]

Gerade während des Studiums können verschiedene Wissensquellen miteinander verknüpft werden und so den Ausbau eigener Fähigkeiten unterstützen. Der theoretische Vorlesungsstoff kann bei der Arbeit angewendet werden, und das bei der Arbeit gewonnene, praktische und technische Wissen kann dabei helfen, die Vorlesungsinhalte besser zu verstehen und anzuwenden.

4. NETWORKING

Auch Networking gehört zu den Erfolgsfaktoren. Vernetze dich nicht nur innerhalb deines Unternehmens, sondern auch darüber hinaus. Die aus den Netzwerken gewonnenen Kontakte können in zukünftigen beruflichen und privaten Situationen sehr hilfreich sein und einen effizienten Wissenstransfer ermöglichen:

- Es können sich neue berufliche oder geschäftliche Möglichkeiten ergeben.

[34] Vgl. Michael Gessler (2010): Selbstorganisertes Lernen und lernende Organisation. In: Reiner Bröckermann und Michael Müller-Vorbrüggen (Hrsg.): Handbuch Personalentwicklung: Die Praxis der Personalbildung, Personalförderung und Arbeitsstrukturierung. Stuttgart: Schäffer-Poeschel Verlag, S.265–282.

- Der Zugang zu Ressourcen in Form von beispielsweise Wissen, bewährten Praktiken oder Ratschlägen kann geebnet werden.
- Die eigenen Kommunikationskompetenzen und das Selbstvertrauen werden geschult.

Vor allem während der Ausbildung und des Studiums kannst du die gebotenen Kanäle wie Gastvorträge in Vorlesungen, Karrieremessen oder studentische Vereinigungen nutzen, um erste Kontakte zu Unternehmen zu knüpfen und somit Chancen auf einen zukünftigen Arbeitsplatz erhöhen.

Ein relevanter Grundsatz des Networkings ist das gegenseitige Profitieren. Es ist wichtig, sich aktiv einzubringen, Unterstützung anzubieten und die Kontakte kontinuierlich zu pflegen. Die Beteiligung in Communitys kann das Arbeiten und Denken in Netzwerken fördern und durch den interdisziplinaren Austausch Mehrwert für alle Beteiligten stiften. Setze hierbei den Fokus auf Qualität statt auf Quantität. Der Beitritt in zu viele Communitys kann zu Zeitproblemen, Überlastung, Informationsflut sowie zu einem Verlust an Fokus und Spezialisierung führen.[35]

5. RISIKOBEREITSCHAFT

Zusätzlich steht die Risikobereitschaft in engem Zusammenhang mit dem persönlichen Erfolg. Die Fähigkeit, Risiken einzugehen und für das eigene Handeln Verantwortung zu übernehmen, kann sich als sehr nützlich herauskristallisieren. Habe keine Angst vor Fehlern, lerne aus ihnen und nutze das konstruktive Feedback (siehe auch Kapitel „Kritik als Motivator"), das du erhältst, und die Verbesserungspotenziale, die du erkennst. Nimm die verschiedenen Möglichkeiten wahr, über dich hinauszuwachsen, anstatt Stagnation zu riskieren. Versuche zum Beispiel den Einsatz von neuen Technologien sowie modernen Organisations- und Arbeitsformen und scheue dich nicht, dir ein Beispiel an innovativen Vordenker:innen

[35] Vgl. Lioba Werth und Christopher Thum (2022): Networking betreiben. In: Dies.: Erfolgsfaktor Socializing. Knigge für optimales Auftreten und Networken. Berlin/Heidelberg: Springer, S. 183–202.

zu nehmen. Versuche, aus deiner Komfortzone herauszukommen, und übernimm immer mehr Verantwortung. Engagiere dich beispielsweise in einer studentischen Unternehmensberatung, bewirb dich als Tutor:in für eine Lehrveranstaltung oder traue dich, dein eigenes Start-up zu gründen. All diese Erfahrungen werden dir dabei helfen, deine Fähigkeiten in den verschiedensten Bereichen sowie deine Persönlichkeit weiterzuentwickeln.

6. KREATIVES DENKEN

Darüber hinaus kannst du deine Kreativität fördern, um deinen persönlichen Erfolg zu steigern. Sei gegenüber neuen Ideen aufgeschlossen und plane bewusst kreative Phasen ein, um so deine Innovationsfähigkeit zu steigern und zu fördern. In der Literatur gibt es viele bewährte Methoden, um über den Tellerrand hinauszuschauen, aus gewohnten Strukturen auszubrechen und neue Perspektiven zuzulassen, beispielsweise durch effiziente Brainstorming-Techniken oder Kreativitätsworkshops, bei denen neue Wege, Ideen, Denkweisen und Lösungsansätze entwickelt werden. Kreativität kann in vielen Bereichen eingesetzt werden, Lernprozesse bereichern, neue und innovative Wege finden, um Herausforderungen und Probleme zu bewältigen.[36]

7. SERENDIPITY

Nutze die Chancen, die sich für dich ergeben, sowohl in deinem privaten, akademischen als auch in deinem beruflichen Kontext. Trau dich, neue Sachen auszuprobieren, lass dich inspirieren und lehne nicht ab, nur weil Sachen dir fremd vorkommen. Sei aufgeschlossen gegenüber dem Unbekannten: Nicht selten entdeckt man Wertvolles oder Nützliches an Stellen, an denen man es nicht erwartet oder gar gesucht hat. Stelle Fragen, wenn du bestimmte Sachen nicht

[36] Vgl. Alexander Brem und Stefanie Brem (2013): Kreativität und Innovation im Unternehmen. Methoden und Workshops zur Sammlung und Generierung von Ideen. Stuttgart: Schaeffer-Poeschel-Verlag.

[37] Vgl. Ernst Tiemeyer (Hrsg.) (2017): Handbuch IT-Management – Konzepte, Methoden, Lösungen und Arbeitshilfen für die Praxis. München: Carl Hanser Verlag.

verstehst, denn nur so wirst du dich weiterentwickeln und wachsen. Diese Kompetenz wird „Serendipity" genannt – frei übersetzt als „glücklicher Zufall" und ist eng mit Offenheit und Neugier verknüpft.

Nimm dir gerne einen Moment und reflektiere diese sieben Fähigkeiten und überleg dir, welche du bereits in deinen Alltag integrierst und welche ggf. noch ausbaufähig sind und wie du sie für dich nützlich machen könntest. Rufe dir diese Fähigkeiten immer wieder in dein Bewusstsein, lass sie zu Gewohnheiten werden und deinen Weg zum Erfolg begleiten.[37]

Literatur

Alexander Brem und Stefanie Brem (2013): Kreativität und Innovation im Unternehmen. Methoden und Workshops zur Sammlung und Generierung von Ideen. Stuttgart: Schäffer-Poeschel-Verlag.
Stephen R. Covey (2018): Die 7 Wege zur Effektivität. Prinzipien für persönlichen und beruflichen Erfolg. Offenbach: Gabel.
Michael Gessler (2010): Selbstorganisertes Lernen und lernende Organisation. In: Reiner Bröckermann und Michael Müller-Vorbrüggen (Hrsg.): Handbuch Personalentwicklung: Die Praxis der Personalbildung, Personalförderung und Arbeitsstrukturierung. Stuttgart: Schäffer-Poeschel Verlag, S.265–282.
Morten T. Hansen (2018): Great at Work: How Top Performers Do Less, Work Better, and Achieve More. New York: Simon & Schuster Paperbacks.
Enica Romanic (2022): Prioritäten setzen. In: Dies.: Geheimwaffe: Assistenz III. Agiles Selbstmanagement und Zeitmanagement. Wiesbaden: Springer Gabler, S. 53–57.
Jochen Theurer (2017): Prioritäten setzen. In: Ders.: Resilienz in rechtsberatenden Berufen. essentials. Strategien zur Erhöhung der eigenen Selbstwirksamkeit. Wiesbaden: Springer Gabler, S. 21–26.
Ernst Tiemeyer (Hrsg.) (2017): Handbuch IT-Management – Konzepte, Methoden, Lösungen und Arbeitshilfen für die Praxis. München: Carl Hanser Verlag.
Lioba Werth und Christopher Thum (2022): Networking betreiben. In: Dies.: Erfolgsfaktor Socializing. Knigge für optimales Auftreten und Networken. Berlin/Heidelberg: Springer, S. 183–202.

„Macht ist es,
zu wissen, dass man nicht perfekt sein muss, um etwas zu bewirken. Es ist das Vertrauen, dass unsere Schwächen und Unterschiede uns nicht hindern werden, sondern uns stärker machen.“

MICHELLE OBAMA

Rechtsanwältin und First Lady der USA von 2009 bis 2017

CLAUDIA IRSFELD

Head of People & Development

> Wahre starke Frauen helfen anderen Frauen, stärken sie und geben Unterstützung.

LinkedIn

Coaching unter Kolleginnen

EINE CHANCE FÜR VERTRAUENSVOLLE GESPRÄCHE

Ziel dieses Kapitels ist es, das gegenseitige Helfen aus einer besonderen Perspektive zu beschreiben und dabei Anregungen für ein „etwas" systematischeres Vorgehen in Kolleginnengesprächen zu geben. Wie lassen sich Bestandteile aus dem professionellen Business-Coaching in eine Unterhaltung unter Kolleginnen zur Anwendung bringen und das Helfen vielleicht noch verstärken? Dies immer unter der Vorgabe, dass es sich beim „Kolleginnen-Coaching" nicht um eine professionelle Veranstaltung handelt – mit Vertrag, klaren Rollenverteilungen, Bezahlung etc. –, sondern um ein offenes, vertrauensvolles und auf Augenhöhe geführtes Gespräch unter Kolleginnen, die beide Interesse daran haben, zu unterstützen und sich unterstützen zu lassen.

EIN PAAR DINGE VORAB

Sowohl im Privaten als auch im Beruflichen helfen vertrauensvolle Gespräche unter Kolleginnen, Probleme anzusprechen und gelegentlich auch zu lösen; sie helfen, mit Sorgen umgehen zu können und neuen Mut zu finden.

Und was bringt es, als Kollegin „ein kleines bisschen" in die Rolle einer Coach zu schlüpfen und ein an ein Coaching angelehntes Gespräch zu führen? Aus meiner persönlichen Erfahrung heraus kann ich mit aller Vorsicht sagen: Es kann eine ganz Menge bringen – vor allem, wenn es um schwierige Situationen und um Probleme am Arbeitsplatz geht. Es besteht die große Chance, diese Probleme transparenter zu machen, unterschiedliche Perspektiven zu entdecken, die betroffene Kollegin dabei zu unterstützen, mit der ihr eigenen Kraft ihre nächsten Schritte zu gehen und mutig loszulegen. Verhindert wird dabei auch, die Hilfesuchende mit einer Unzahl an gut gemeinten, „klugen" eigenen Ratschlägen zu (er)schlagen, zu verwirren, ja sogar einzuschüchtern und zu schwächen.

Es gibt natürlich noch viele andere Gesprächsformen, dazu eine Annäherung und Abgrenzung vorab.

KAFFEEKÜCHEN-GESPRÄCH

Egal, um welches Thema es geht, ein kurzer Austausch macht Spaß, es geht wild durcheinander, alle kommen vom Hölzchen aufs Stöckchen.

BERATUNG

In einem Beratungsgespräch sucht eine aktiv Rat-Suchende (!) mit einem möglichst klar umrissenen (!) Anliegen oder Problem, dessen Lösung sie nicht kennt (!), bei einer anerkannten Expertin (!) konkrete Hilfe zur Beantwortung der Frage oder zur Lösung dieses Problems. Die Expertin oder Beraterin hat einen Wissensvorsprung, den sie an die Ratsuchende weitergibt.

THERAPIE-GESPRÄCH

Die hilfesuchende Person kann (im Augenblick) keine Lösung für sich selbst und ihr Problem finden und benötigt psychotherapeutische Unterstützung. Eine Psychotherapie kann beschrieben werden als Diagnose und gezielte psychologisch-orientierte Behandlung psychischer Störungen, manche sprechen auch von psychischen Krankheiten oder Leiden. Diese Behandlung erfolgt im Gespräch zwischen einer speziell und über viele Jahre hinweg ausgebildeten Fachkraft und hilfesuchenden Klient:innen oder Patient:innen. Anders als in der Beratung ist es in der Psychotherapie nicht mit einem einmaligen Rat getan. Ein Heilungsprozess, denn darum geht es in diesem Fall, kann sich über eine längere Zeit erstrecken.

COACHING-GESPRÄCH

Und ein Coaching? Zu dieser Frage gibt es mittlerweile eine Vielzahl von Antworten, Definitionen, Erklärungen und Erläuterungen, jeweils gefärbt von unterschiedlichen Ansätzen und Ursprüngen. Der Begriff Coach ist nicht geschützt und kann daher in allen möglichen Kontexten genutzt werden wie zum Beispiel Wellness-Coach, Ernährungs-Coach, Finanz-Coach, Work-Life-Balance-Coach. Es tummeln sich viele Mitspieler:innen mit ganz verschiedenartigen Interessen und Ausrichtungen in diesem ständig wachsenden Markt.

Eine professionelle Coach, um die es hier gehen soll, unterstützt ihre Kundin, auch Coachee genannt, über eine bestimmte Zeit hinweg dabei, ihr Potenzial im beruflichen oder privaten Umfeld zu entwickeln, Klarheit in wichtigen persönlichen Fragen zu erlangen oder auch die persönliche Problemlösungs- oder Handlungskompetenz bei konkreten Anliegen zu steigern. Mit Hilfe der Coach erreicht die Coachee in mal mehr oder weniger vielen Gesprächsrunden ihre Ziele. Dabei übernimmt die Coach die Verantwortung für den Gesprächsprozess und unterstützt durch kluges und offenes Fragen, Perspektivenwechsel, Zusammenfassen des Gesagten ihre Kundin, die in ihr liegenden Lösungen aufzudecken und hervorzubringen. Viele Coachs sprechen dabei auch von einer „Hilfe zur Selbsthilfe".

Für mich persönlich ist es die Haltung, die ein gelingendes Coaching-Gespräch ausmacht: Die professionelle Coach gibt sich nicht als „Besser-Wissende" aus, die in Lösungen denkt und aus eigener

Erfahrung oder eigenem Leiden heraus weiß, was bei einem Problem richtigerweise zu tun ist. Die Frage „Was würden Sie an meiner Stelle in dieser Situation machen?“ würde eine klassische, professionell vorgehende Coach nicht beantworten. Im Coaching hat sich, etwas überspitzt formuliert, eine »Haltung des Nicht-besser-Wissens« etabliert. Dies führt dazu, dass sich die Coach mit inhaltlichen Vermutungen, Erklärungen, Tipps oder Anregungen zurückhält und dagegen viele Fragen stellt, neugierig ist, sich auf ihr Gegenüber fokussiert. Die Kundin ist kundig, ist Expertin ihrer Sache – nicht ich als ihre Coach.

Mit einem Bild: Ich gehe davon aus, dass die Lösung sich bereits „in der Coachee befindet“ und eine realistische Chance besteht, dass diese Lösung sich von innen nach außen entwickeln kann. Aus meiner Erfahrung ist dies leichter gesagt als getan und erfordert als Coach eine gute Ausbildung, viel Erfahrung sowie die Bereitschaft, sich ständig kritisch zu hinterfragen und selbst weiterzuentwickeln. Diese Haltung auch im Kolleginnen-Coaching einzunehmen, es zumindest zu versuchen, wird der Kollegin helfen.

WIE LÄUFT EIN PROFESSIONELLES BUSINESS-COACHING AB?

Der Einstieg: Die Coachee beschreibt ihr Anliegen, ihre Wünsche, ihr Problem. Dann wird die Coach zusammen mit der Coachee den Auftrag an das Coaching klären. Was ist im Coaching zu leisten? Was ist die Erwartung der Coachee an die Coach? An dieser Stelle wird eine kluge Coach auch ihre besondere Rolle und ihr Vorgehen beschreiben. Die Coachee weiß also, worauf sie sich in dieser Sitzung einlässt. Sie weiß, was ihre Aufgaben sind, nämlich inhaltlich zu „arbeiten“, und wie das Vorgehen der Coach aussieht, beispielsweise viele Fragen zu stellen. Und sie weiß dann auch, dass sie von der Coach keine theoretischen Vorlesungen, Ratschläge oder gar Wunder(-Lösungswege) erwarten kann. Geklärt werden auch der Zeitrahmen und die Bezahlung der Coachingleistung.

Im nächsten Schritt klären Coach und Coachee das Ziel oder die Ziele. Was möchte die Coachee am Ende des Coachings erreicht haben? Möchte sich eine Abteilungsleiterin beispielsweise Klarheit erarbeiten in der Frage, ob sie ihre Stelle wechseln oder besser noch ein Jahr auf der bisherigen Position bleiben soll? Möchte eine Ingenieurin Unterstützung bei der Entscheidung, ob sie am Standort eine gut bezahlte Führungsposition annehmen oder besser für zwei Jahre ins Ausland gehen soll? Das sind alles Beispiele für typische Fragen eines Business-Coachings. Ähnliche Fragen lassen sich auch für außerberufliche Situationen formulieren.

Ist das Ziel formuliert, kann die Arbeit losgehen. Jede Coach hat da ihre eigene Struktur. Aber egal, wie die einzelnen Schritte während der Sitzungen aussehen, alle Coaches auf der ganzen Welt arbeiten mit Fragen. Das können sein:

- Einfache offene Verständnis- und Konkretisierungsfragen: „Was meinen Sie mit ...?“ – „Was verstehen Sie unter ...?“ – „Wie empfinden Sie ...?“
- Hypothetische Fragen: „Einmal angenommen, Sie hätten morgen ... was würden Sie ...?“
- Fragen nach positiven Anknüpfungspunkten: „Bei aller Selbstkritik, was ist Ihnen in den letzten Wochen schon einmal gelungen? Was ist da genau geschehen? Was haben Sie selbst zu diesem Erfolg beigetragen?“
- Zirkuläre Fragen: „Wenn Sie sich einmal konsequent in die Person Ihrer Chefin versetzen. Wie würde die reagieren, wenn im nächsten Abteilungsmeeting ...?“

Mit Hilfe der Fragen aktiviert die Coach die Coachee. Hinzu kommen das aktive Zuhören, das aufmerksame Zusammenfassen mit eigenen Worten, das Visualisieren von Arbeitsergebnissen und noch vieles mehr, beispielsweise die Geduld der Coach, im Prozess viel Raum und Zeit für Überlegungen zu geben. Schweigen auf Seiten der Coach ist ein wichtiges Instrument. Ein Coaching ist keine Hetzveranstaltung. Die Entwicklung stimmiger Ideen durch die Coach kann nicht mit der Stoppuhr erzwungen werden. Da ist viel Fingerspitzengefühl gefragt, und viele Erkenntnisse entstehen nicht in den Sitzungen, sondern dazwischen.

COACHING BEIM „FEIERABENDBIER" – UNDENKBAR?

Schaut frau sich einmal eine besonders lebendige Runde nach getaner Arbeit an, dann fehlt in der Regel die Ruhe und die traute Zweisamkeit, um in eine Coaching-Situation eintauchen zu können. Aber das „Feierabendbier" ist ein gutes Bild für die Rollen, die Kolleg:innen in ihrem Alltag normalerweise einnehmen, wenn es um Problemschilderungen durch andere Kolleg:innen geht. In solchen Runden sind die Teilnehmenden in der Regel mit ihrer Aufmerksamkeit ganz bei ihren eigenen Dingen und Ansichten. Schildert jemand ein Problem, erzählen die anderen sofort von ihren eigenen Erfahrungen. Sie fragen selten nach: „Erzähl doch mal in Ruhe, was da genau geschehen ist?", „Was war …?", „Wie hat es sich entwickelt …?", „Wo stehst du hier und heute …?", „Wie geht es dir aktuell …?" Und wenn sie fragen, dann sehr häufig mit geschlossenen Fragen, mal mehr, mal weniger suggestiv, aber immer die eigene Lösung unreflektiert im Hinterkopf: „Hattest du deiner Chefin denn klar und deutlich …?", „Kannst du dir die zwei Jahre im Ausland denn überhaupt leisten?", „Wäre es nicht besser, statt einer Gehaltserhöhung …?", „Solltest du nicht so wie wir alle hier darauf bestehen, dass …?"

In solchen Runden haben alle oft ein eigenes festes und häufig unverrückbares Bild der Lage und der Gefühle ihrer Gegenüber im Kopf – man kennt sich doch!

So kreisen zwei (und viele) Welten umeinander, die mal mehr oder weniger übereinstimmen, reden mehr oder weniger aneinander vorbei, schaffen es dennoch immer wieder auch einmal – und das macht ja auch den Charme eines „Stammtischgespräches" aus –, ein Gefühl von Vertrautheit und Trost zu erzeugen. Natürlich wird bei solchen Gesprächen dazu noch ordentlich Mitleid ausgesprochen, gejammert und feste Solidarität bekundet. Manchmal übertreffen sich die Anwesenden auch bei der Schilderung ihrer ganz eigenen Betroffenheiten – alle haben so etwas schon mal erlebt, natürlich nur noch viel, viel schlimmer. Und dann hagelt es Lösungen („In dem Fall hilft nur …!"), Tipps unter Freudinnen („Ganz im Vertrauen, geh unbedingt zu …!") oder (er-)schlagende Expert:innen-Ratschläge („So wie du dich fühlst, lehne das Angebot umgehend ...!") oder alles auf einmal. Alles auf der Basis: „Was bei mir funktioniert hat, funktioniert auch bei anderen." Und natürlich kommt es immer wieder vor, dass mehrere Ratgebende um die besten Erklärungen, Tipps und Ratschläge wetteifern – „gewonnen" hat, wer „ganz objektiv" die beste Lösung präsentiert.

Coaching in einer entspannten großen Runde? Nein, das wird nicht gelingen. Soll es auch nicht, denn es ist ein geselliges Zusammentreffen, bei dem keine kommunikativen Werkzeugkästen ausgepackt, keine Problemlösungsrollen verteilt, keine Ziele vereinbart oder Honorare gezahlt werden. Und dennoch: Wenn eine Kollegin in einer solchen Runde über ein ihr wichtiges Problem reden möchte, macht es einen Unterschied, wenn

- nicht gleich Lösungen offeriert werden, sondern erst einmal versucht wird, die betroffene Person gut zu verstehen,
- nicht nur auf der Sachebene verblieben wird, sondern auch mal Gefühle angesprochen werden,
- ab und zu mit auch begründeten und auf Verstehen ausgerichteten offenen Fragen „gearbeitet" wird statt mit geschlossenen impliziten suggestiven Lösungsfragen,
- der Überbietungswettbewerb im Mitleiden nicht überhandnimmt,
- das Wettrennen um den besten Tipp und Ratschlag bescheiden ausfällt,
- sich alle gelegentlich ihrer Rolle in der Diskussion bewusst sind (Bin ich einfach nur Freundin und bringe mich ein, Expertin und begründe mein Expertinnenwissen, Trösterin, die einfach nur da sein möchte, jemand, die ähnliche Erfahrungen gemacht hat und diese als eigenes Erleben ohne Anspruch auf Nachahmung und Richtigkeit mitteilen möchte etc.),
- Lösungen und Tipps dosiert, wohlüberlegt und unaufdringlich präsentiert werden.

MÖGLICH UND EINE GROSSE CHANCE: KOLLEGINNEN-COACHING IM ZWEIERGESPRÄCH

Noch mehr Nutzen als in großer Runde entsteht jedoch, wenn zwei Kolleginnen sich zu einem Problemgespräch in ruhiger Atmosphäre zusammensetzen. Die um Hilfe gebetene Kollegin nimmt dann eine coachende Haltung ein. Sie wird versuchen, sich erst einmal inhaltlich aus der Lösungsfindung herauszuhalten und mit Hilfe von offenen Fragen und aktivem Zuhören ihr Gegenüber zu einer umfassenden und differenzierten Problemschilderung zu ermutigen. Und wenn sich die Beteiligten über ihre Rollen in diesem Gespräch einig sind und die helfende Kollegin über gute Kompetenzen in Sachen Fragetechnik verfügt, kann ein solcher Dialog außerordentlich nutzbringend für die Hilfesuchende sein.

Ein solches Kolleginnen-Coaching gelingt, wenn die gegenseitigen Rollenerwartungen klar sind und akzeptiert werden. Für die unterstützende Kollegin bedeutet dies, dass sie immer auf der „Kolleginnen-Ebene“ bleibt und nicht „im Überschwang des Helfenkönnens“ in eine „Überlegenheitsrolle“ rutscht. Ähnliches gilt für die hilfesuchende Kollegin: Sie darf sich nicht in eine „Unterlegenheitsrolle“ versetzt fühlen, nur weil sie „problembehaftet“ um Hilfe bittet und vermeintlich „schwach“ erscheinen könnte. Was sich hier so einfach formulieren lässt, erfordert in der Praxis ein gehöriges Maß an beiderseitigem Selbstbewusstsein und Vertrauen in die Kompetenz der jeweiligen Anderen.

Also: Was ist der „Auftrag“, in welcher Rolle wird die Kollegin um Hilfe angesprochen? Soll sie beispielsweise Klagemauer sein – „Ich will nur mal Dampf ablassen, mit jemandem gemeinsam über den blöden Chef schimpfen und dann geht es mir wieder besser“ – oder soll sie als Expertin fungieren – „Ich habe da mal einen Beschwerdebrief an ... formuliert, du machst das doch täglich. Was soll ich stehen lassen, was würdest du anders formulieren und wie genau?“ Der Wunsch der Kollegin könnte aber auch lauten: „Mich nervt total, dass ich in jeder Abteilungsbesprechung von meinem Chef, Herrn XY, ständig unterbrochen werde, wenn ich mal etwas Tolles sage. Grauenhaft. Ich könnte heulen. Was meinst du?“

In einer solchen Situation könnte ein Kolleginnen-Coaching stattfinden, das Angebot, gemeinsam nach Hilfe zu suchen.

KONKRETE IDEEN FÜR ZUKÜNFTIGE KOLLEGINNEN-COACHES

Ich möchte an einem Beispiel mit realem Hintergrund zeigen, wie so ein Kolleginnen-Coaching in Ansätzen aussehen könnte. Dabei ist diese Darstellung nicht als vollständiger Dialog zu sehen, sondern soll die Kernphasen des Gesprächs abbilden und konkrete Ideen für zukünftige Kolleginnen-Coaches geben.

Person	Aussagen	Verwandte Coachingphase
Kolleginnen-Coach	„Worum geht es, was steht an?"	Thema erfragen
Hilfe-suchende Kollegin	„Wahrscheinlich sollte ich wirklich die Stelle wechseln! Aber darüber sprechen wir ein anderes Mal. Und heute? Kann ich dir sagen! X, dieser P... Immer dasselbe ... Hatten wieder unseren Abteilungs-Jourfixe ... Hat mich total abtropfen lassen ... Mich dauernd unterbrochen ... Lasse ich mir natürlich nicht gefallen ... Ein Wort gibt das andere ... Am Ende ärgere ich mich, stehe schlecht da und die anderen sagen auch mal wieder nichts ... Ich bin echt sauer!"	Problemdarstellung
Kolleginnen-Coach	„Also, damit ich mir die Situation gut vorstellen kann. Erzähl doch mal: – Was lief denn da ab? – Wer war alles dabei, was war das Thema? – ..."	Konkrete Situation beschreiben lassen
Kolleginnen-Coach	„Also, wenn wir so ein Kolleginnen-Coaching-Gespräch führen wollen, dann gebe ich dir keine Tipps und sage dir jetzt auch nicht, was ich machen würde."	Rollen- und Auftragsklärung
Hilfe-suchende Kollegin	„Okay, lass es uns probieren!"	

Person	Aussagen	Verwandte Coachingphase
Kolleginnen-Coach	„Was willst du denn für die weiteren Sitzungen mit deinem Chef eigentlich erreichen?"	Zielklärung
Hilfe-suchende Kollegin	„Ich möchte, dass er mich beim nächsten Jour fixe ausreden lässt, nicht mehr von oben herab so arrogant meine guten Ideen zerpflückt und nicht dauernd in sein blödes Smartphone glotzt, wenn ich etwas sage."	
Kolleginnen-Coach	„Super Idee! Kannst du aber vergessen, du wirst deinen Chef hier und heute nicht verändern können. Wir alle hätten gerne eine Fernsteuerung, mit der das funktioniert, haben wir aber nicht. Daher andersherum – was ist dein persönliches Ziel, was kannst oder willst DU beim nächsten Mal anders machen oder überhaupt machen?"	
Hilfe-suchende Kollegin	„Also mich nervt dieses Unterbrochen-werden. Okay, es wäre schon gar nicht so schlecht, wenn ich mit diesem dauernden Unterbrechen zunächst besser umgehen könnte."	
Kolleginnen-Coach	„Erzähl doch mal kurz, wie das denn konkret abläuft. Also du sagst was – und dann?"	Problem-/Situationsbeschreibung
Hilfe-suchende Kollegin	„Genau, ich sag was. Und mittendrin quatscht der rein und redet unbekümmert weiter oder schneidet ein neues Thema an. Ohne Rücksicht ... Und ich? Kennst mich ja. Muss man sich ja nicht gefallen lassen. Ich rede dann auch weiter. Gnadenlos!"	
Kolleginnen-Coach	„Noch mal genauer: Was sind deine Themen, bei denen dein Chef unterbricht? Wann lässt er dich eher ausreden? Wann nicht?"	Vertiefung der Problem-/Situationsbeschreibung

Person	Aussagen	Verwandte Coachingphase
Kolleginnen-Coach	„Mal anders, auch wenn es dir vielleicht schwerfällt. Aber wir schaffen das. Wenn du dich mal in deinen Chef reinversetzt in diesem Meeting; was könnten seine Gedanken zu der Situation sein? Wie würde er die Situation beschreiben, wenn ich ihn hier fragen würde? ... Was noch? ... Was noch?“	Perspektivenwechsel
Kolleginnen-Coach	„Klingt zwar komisch, aber hast du dir mal überlegt, was du tun müsstest, um die Situation noch viel schlimmer zu machen, also was müsstest du konkret im nächsten Meeting tun, damit der Chef aus dem Unterbrechen gar nicht mehr herauskommt?“	Vertiefung des Problemverständnisses durch Verschlimmerungsfragen (Idee dahinter: Wenn ich es schlimmer machen kann, kann ich es auch besser machen.)
Kolleginnen-Coach	„Du hast ja beschrieben, wie du bisher auf die Unterbrechungen reagiert hast. Hast du schon mal anders reagiert? Etwas anders gemacht? In anderen Meetings, mit anderen Menschen? Was ist da geschehen?“	Ressourcenfokus
Kolleginnen-Coach	„Leuchtet mir ein. Wie konkret reagierst du denn, wenn die Kundin Frau X dir ins Wort fällt, was sie ja auch gerne immer wieder mal tut? Was geschieht dann? Welche Auswirkungen hat das? Wie fühlst du dich dabei? Wie reagieren die anderen? Was genau läuft da ähnlich wie bei deinem Chef? Was aber läuft da anders?“	
Kolleginnen-Coach	„Wenn ich das von dir Gesagte für die Situation mit Frau Kundin X auf den Punkt bringen darf: Du bist also richtig gut im Umgang mit Unterbrechungen, zumindest wenn folgende Bedingungen zutreffen: ...“	Kompliment

Person	Aussagen	Verwandte Coachingphase
Kolleginnen-Coach	„Mal kurz zu deinem Ziel zurück. Wie würde die Situation konkret aussehen, wenn dein Chef dich unterbricht und du genauso agieren würdest wie bei Frau X? Welche Auswirkung hätte das? Wie müsstest du dann weitermachen? Woran würdest du merken, dass du einen Schritt weitergekommen bist?“	Lösungs-fokussierung
Hilfesuchen-de Kollegin	„Die beiden Situationen sind nicht ver-gleichbar ... Das klappt so nicht, weil Frau X ... Und außerdem ... Und über-haupt und grundsätzlich.“	
Kolleginnen-Coach	„Akzeptiert. Also, nur mal angenommen, die Situationen wären vergleichbar, was könntest du aus deinem erfolgreichen Verhalten mit Frau X in einer Situation mit deinem Chef ausprobieren?“	
Hilfesuchen-de Kollegin	„Okay. Also Chef unterbricht mich wieder bei einer meinen Ausführungen. Ich wür-de dann genauso wie bei Frau X handeln. Dann könnte ich sagen ... Aber ich müss-te gleichzeitig ... Und vielleicht auch ... Da würde der Chef aber komisch gucken.“	
Kolleginnen-Coach	„Was heißt das genau? Was genau hättest du anders gemacht?“	
Hilfesuchen-de Kollegin	„Ich hätte einfach nur ...“	
Kolleginnen-Coach	„Einfach nur ist gut ... Wie müsste ich mir das vorstellen?“	
Kolleginnen-Coach	„Die Situation mal vor Augen. Angenom-men, du würdest in der nächsten Sitzung genauso reagieren und agieren wie gerade angesprochen. In eurer Runde ist doch auch immer die Kollegin Y aus dem Controlling dabei. Die kennen wir beide ja ganz gut. Was würde denn diese Kollegin Y sagen, wenn sie dich im nächs-ten Jour fixe mit diesem etwas anderen Verhalten erleben würde?“	

Person	Aussagen	Verwandte Coachingphase
Hilfesuchende Kollegin	„Die Kollegin Y? Kann ich dir sagen, die wäre ... Aber viel wichtiger, der neue Student aus dem Marketing, der ..."	Lösungsfokussierung und -gestaltung
Kolleginnen-Coach	„Klingt nicht schlecht. Jetzt noch einmal mit der Situation vor Augen. Wie würde denn der liebe Chef reagieren, wenn du ihm so kämst?"	
Hilfesuchende Kollegin	„Das ist eine wirklich gute Frage. Kann ich auf die Schnelle nicht sagen, muss ich in Ruhe drüber nachdenken ..."	
Kolleginnen-Coach	„Die Frage ist jetzt: Kannst du dir vorstellen, beim nächsten Jour fixe das beschriebene Verhalten anzuwenden? Und wenn ja: Schritt für Schritt – was genau müsstest du tun, um dein Ziel zu erreichen?"	
Hilfesuchende Kollegin	„Ich muss vor allem irgendein Zeichen, irgendeine Sache haben, dass ich mich in dieser Stresssituation auch wirklich daran erinnere, etwas anderes zu tun, wenn mein Chef mal wieder in meine Rede reinquatscht ... Dann könnte ich ..."	
Kolleginnen-Coach	„Eine Idee, was dir helfen könnte?"	Transfersicherung
Hilfesuchende Kollegin	„Um ehrlich zu sein, nein. Was würdest du denn machen?"	
Kolleginnen-Coach	„Ich? Nun anders als eine professionelle Coach sage ich dir mal, was mir in den Kopf kommt, das ist allerdings meine Art, die muss bei dir nicht funktionieren. Man sagt ja immer, man soll sich einen Knoten ins Taschentuch machen, damit man sich an was erinnert. Dein Chef ist der Einzige, der immer eine Krawatte trägt. Ich würde seinen Krawattenknoten zum Unterbrechungsrettungsanker umfunktionieren. Sobald er mich also unterbricht, fixiere ich den Krawattenknoten und halte dabei meine Klappe. Und dann wie besprochen ..."	Kollegin als Expertin und Tippgeberin Transfersicherung

Person	Aussagen	Verwandte Coachingphase
Hilfesuchende Kollegin	„Und das funktioniert? Kann ich mir nicht vorstellen, muss man wahrscheinlich richtig einüben. Muss ich mal ausprobieren. Wahrscheinlich mache ich was anderes. Ich nehme eine Karteikarte in die Sitzung, die lege ich vor mich hin. Darauf schreibe ich: ‚Unterbrechen ist langweilig' und lege sie wohin, wo nur ich sie sehe, das reicht für die Erinnerung."	Transfersicherung
Kolleginnen-Coach	„Klingt nach einem Plan. Wann ist das nächste Meeting? Wir könnten uns kurz vorher treffen, oder ne, ich rufe dich an, das schaffe ich. Okay?"	Abschluss
Hilfesuchende Kollegin	„Okay, lieben Dank!"	

„Ein gute Coach hat immer auch das Ziel,
sich selbst überflüssig zu machen."

Claudia Irsfeld

„Networking ist für mich das genuine Interesse an Menschen und Themen und die Freude, Ideen und Ansätze mit Anderen ohne konkreten Businessbezug zu diskutieren. Die Herausforderung für mich ist, mir im Geschäftsalltag dafür genug Zeit zu nehmen."

SIMONE CONRAD

Director Cloud Infrastructure Services,
Capgemini Deutschland, und Alumna von 4C

3. Kapitel

Best Practice Networking

PATRIZIA BAMBERG-KUNZ

Managerin CSO Advisory

> Meine Devise beim Netzwerken lautet: Einfach mal machen. Mit großer Freude und bestmöglicher Vorbereitung ist alles möglich.

LinkedIn

Netzwerke und Netzwerken

WARUM ES IMMER EIN PLUS IST, SICH ZU VERNETZEN

Ich habe rund zehn Jahre in der Automobilzulieferindustrie gearbeitet, bevor ich 2023 als Managerin in der Managementberatung eingestiegen bin. Seit jeher finde ich es im privaten wie auch im beruflichen Umfeld spannend und sehr bereichernd, mich in Netzwerken zu engagieren. Ich war früher im Leo Club, bin nun im Lions Club und habe unter anderem die Employee Resource Group (ERG) Women of Vitesco Technologies als Champion geleitet.

Die Themen Netzwerk und Netzwerken sind in aller Munde. Für manche gibt es nichts Schöneres, für andere wiederum nichts Schlimmeres. Wie so häufig gilt auch hier: Die Dosis ist essenziell und so individuell wie der Mensch selbst.

70 PROZENT GEBEN, 20 PROZENT SELBSTDARSTELLUNG, 10 PROZENT ERHALTEN

Zwang ist bei diesem Themenkomplex fehl am Platz. Schließlich geht es beim Netzwerken darum, Freude zu haben, eine gute Zeit zu verbringen und erst einmal anderen etwas Gutes zu tun. Anderen etwas Gutes tun? Definitiv ja. Natürlich ist es erstrebenswert, beim Netzwerken auch eigene Vorteile zu erhalten. Netzwerken funktioniert aber nur dann langfristig, wenn alle bereit sind, proaktiv etwas beizutragen, ohne sofort eine Gegenleistung einzufordern. Zur besseren Vorstellung kann man sich an folgender Faustregel orientieren: 70 Prozent Geben, 20 Prozent Selbstdarstellung und 10 Prozent Erhalten. Abweichungen wird es immer geben – aber extreme Verschiebungen führen nur zu Frustration auf allen Seiten, was unnötig ist.

Netzwerken bedeutet, sich bewusst Zeit zu nehmen. Zeit für neue oder altbekannte Themen, Zeit für Menschen, Zeit für unterschiedliche Orte. Zeit ist ein hohes Gut und alle haben gefühlt zu wenig davon. Daher geht es auch um die bewusste Entscheidung, dem Netzwerken eine gewisse Priorität zu geben. Ein Großteil der Männer ist im beruflichen Kontext deutlich aktiver als Frauen. Die Gründe dafür sind vielfältig – manche finden Netzwerken komisch und anstrengend. Manche wollen es auch nicht oder haben nicht die Zeit dafür – wobei man hier wieder auf das Setzen von Prioritäten verweisen kann. Ich persönliche finde Netzwerken toll, weil es für mich eine konstante Quelle an Wissen, schönen Momenten und Aha-Effekten birgt. Ich bin gerne und häufig im Büro und schaue, dass ich neben Job und Familie auch regelmäßig an Netzwerkevents, seien diese morgens oder abends, teilnehme.

NETZWERKEN IST TRAINIERBAR

Netzwerken ist eine Fähigkeit, die man trainieren kann. Optimalerweise erst in einem kleineren Kreis, um zu prüfen, ob man sich wohlfühlt und was man gegebenenfalls ändern kann. Wenn man Gefallen an dieser Art von Austausch findet, dann kann man dies an beliebigen Orten der Welt machen.

Netzwerken bedeutet auch, sich entsprechend vorzubereiten: Was will ich von mir preisgeben? Welche Themen sind mir wichtig? Welchen Eindruck möchte ich vermitteln? Möchte ich gezielt jemanden kennenlernen? Was ist mein USP (siehe auch Kapitel „Wie soll meine persönliche Karriere aussehen?“)? Egal, um welche Art von Treffen es sich handelt, im Laufe der Zeit erzählt man Personen von der eigenen Vergangenheit, Herkunft und Ausbildung, vom Familienstand, von der aktuellen Tätigkeit und potenziellen Plänen. Natürlich nicht in epischer Breite, aber je mehr man von sich berichtet, desto besser kann die andere Person einen einschätzen und Vertrauen aufbauen.

Daher ist es hilfreich, die eigene Vorstellung in einer ruhigen Umgebung zu üben. Dafür bietet es sich an, Stichpunkte oder ganze Sätze aufzuschreiben, sich vor den Spiegel zu stellen und die eigene Vorstellung langsam und laut vorzutragen. Es geht hier nicht ums bloße Abspulen, sondern auch darum zu schauen, wie lange die Präsentation dauert. Entweder nur dreißig Sekunden bis drei Minuten wie der berühmte „Elevator Pitch“ (siehe auch Kapitel „Wie soll meine persönliche Karriere aussehen?“) oder aber etwas länger, zum Beispiel drei bis fünf Minuten. Auch hier ist das Empfinden wieder sehr individuell. Für manche sind fünf Minuten eine Ewigkeit, insbesondere wenn es um sich selbst geht – für andere wiederum ist es gefühlt viel zu wenig Zeit. Dennoch ist es immer von Vorteil, eine kurze und lange Vorstellung „in der Hinterhand zu haben“ – denn dann ist man bestens vorbereitet, wenn unplanmäßig die Chance eintritt, sich vor einem größeren Publikum vorzustellen.

WO UND WANN NETZWERKEN? DIE QUAL DER WAHL

Neben dem Netzwerken an sich ist es auch interessant, sich vor Augen zu führen, wo man überhaupt netzwerken kann und will. Auch hier gibt es unendlich viele Möglichkeiten: online via Xing, LinkedIn, X (früher Twitter) oder sonstigen Communitys. In der realen Welt ist die Qual der Wahl noch größer. Man kann im Büro netzwerken, im politischen, sozialen, künstlerischen oder im sportlichen Bereich. Wobei diese Aufzählung bei Weitem nicht abschließend ist. Es ist sinnvoll zu schauen, welches Thema für einen selbst relevant ist und welche Netzwerke es hierfür gibt. Ist man sich darüber im Klaren, dann kann man durchaus Freund:innen, Bekannte und Kolleg:innen befragen, ob Sie potenziell interessante Netzwerke kennen. Oder aber man recherchiert und wird über diesen Weg fündig.

Auch kann man sich im Rahmen der Recherche Gedanken machen, wann für einen die beste Zeit zum Netzwerken ist: morgens, mittags, abends, unter der Woche oder am Wochenende.

WIE WERDE ICH TEIL EINES NETZWERKS?

Hat man bestimmte Netzwerke ausfindig gemacht, dann bietet es sich an, im nächsten Schritt zu schauen, wie man Teil des Netzwerks werden kann beziehungsweise, wann Veranstaltungen stattfinden, um sich einen ersten realen Eindruck machen zu können. Es ist sinnig, mehrmals zu Veranstaltungen einer Organisation zu gehen, da die Teilnehmerschaft sich immer etwas unterscheidet. Danach kann man gut beurteilen, ob das Netzwerk etwas für einen ist oder aber nicht.

Ob man allein, zu zweit oder zu mehreren auf eine Netzwerkveranstaltung geht, ist natürlich ein Unterschied. Geht man allein, so sind die Notwendigkeit und Chance, mit anderen ins Gespräch zu kommen, etwas größer – schließlich möchte man nicht durchgängig allein irgendwo in der Ecke stehen. Wenn man mit mehreren gemeinsam auf eine Veranstaltung geht, sollte man sich vorher darüber verständigen, dass man auch weitere Veranstaltungsteilnehmer:innen kennenlernen möchte.

REGELMÄSSIG PRÜFEN: PASST DAS NETZWERK (NOCH) ZU MIR?

Wie bei so vielen Themen ist es auch hier sinnvoll, sich in regelmäßigen Abständen Zeit zu nehmen und zu reflektieren: Finde ich die aktuellen Netzwerke gut? Kann ich mich einbringen? Kann ich auch selbst etwas mitnehmen? Sind die Veranstaltungen spannend? Habe ich noch freie Zeitkapazitäten? Im Laufe der Jahre können sich neue Schwerpunkte durch einen Jobwechsel, Umzug oder das

Alter ergeben. Dann ist es legitim zu prüfen, ob die aktuellen Netzwerke noch zu einem passen oder ob es Zeit für etwas Neues ist. Netzwerke sind eine Quelle der Inspiration und Bereicherung. Ein Versuch lohnt sich daher allemal, denn beim Thema Netzwerken und Netzwerk gibt es kein „richtig“ oder „falsch“. Es muss schlichtweg für einen selbst passen. Daher ermutige ich alle Leser:innen, sich hier und jetzt bewusst mit der Thematik auseinanderzusetzen und nicht auf morgen oder übermorgen zu warten.

NETZWERKEN SCHAFFT SICHTBARKEIT

Aus eigener Erfahrung kann ich sagen, dass andere Menschen sich sehr freuen, wenn man proaktiv und interessiert auf sie zugeht. Oft kommt dann auch eines zum anderen, der Zufall mischt mit, und schon hat man neues Wissen erworben, eine spannende Stelle in Aussicht oder einfach ein schönes Gespräch geführt. Durch mein Engagement in Netzwerken habe ich wertvolle Freundschaften geschlossen oder beispielsweise die Möglichkeit bekommen, mich mit Vorstandsmitgliedern auszutauschen.

„Netzwerken schafft Sichtbarkeit –
eine Chance, die du dir nicht entgehen lassen solltest.“

Patrizia Bamberg-Kunz

„Für mich ist Netzwerken ein wesentlicher Schlüssel zum Erfolg. Gerade in der Gründungsphase ist Unterstützung und Rat von erfahrenen Gründerinnen, Unternehmerinnen und Investorinnen extrem hilfreich. Das habe ich selbst erfahren und das möchte ich jetzt auch zurückgeben."

ZARAH BRUHN

Gründerin & CEO socialbee,
Beauftragte für Soziale Innovationen im
Bundesministerium für Bildung und Forschung,
Aufsichtsrätin der 4C GROUP AG

ANNIKA KRÖMER

Consultant Business Transformation

und

BIANCA EICHENTOPF

Technical Consultant Business Intelligence & Analytics

LinkedIn

LinkedIn

Vertraue in deine eigenen Fähigkeiten und rufe dir dein Können immer wieder ins Bewusstsein.

Women@4C als Netzwerk in Aktion

WARUM ES IMMER EIN PLUS IST, SICH ZU VERNETZEN

Nachdem du schon viel über unser Netzwerk an sich sowie Tipps und Tricks von unseren Kolleginnen lernen konntest, möchten wir das Ganze nun verknüpfen und zeigen, wie wir als Netzwerk bei uns im Unternehmen agieren – Women@4C in Action!

FRAUEN IN FÜHRUNG BRINGEN UND HALTEN

Wenn wir die aktuelle Situation bei uns im Unternehmen anschauen, dann stellen wir fest: Auf Führungspositionen, Partner- und Managerebene sind wenige bis gar keine Frauen vertreten. Im Gegensatz dazu finden sich auf der Einstiegsebene sogar mehr Frauen als Männer im Team. Wie kommt es also, dass wir dieses Verhältnis nicht bis in die Führungsebenen tragen können? Warum ist die Leaky Pipeline so groß? Wie lassen sich Frauen in Führung bringen und halten?

Der Begriff „Leaky Pipeline" bezeichnet den absinkenden Frauenanteil auf den verschiedenen Qualifizierungsebenen und Karrierestufen, je höher sich eine Person auf der Karriereleiter befindet.[38]

WAS KANN WOMEN@4C BEITRAGEN?

Die große Leaky Pipeline zu ändern ist ein strategisches Ziel, an dessen Erreichung wir uns als Netzwerk beteiligen möchten. Zunächst haben wir innerhalb des Netzwerks und anschließend auch im gesamten Unternehmen stichprobenartig Frauen befragt, welche Rahmenbedingungen und Anforderungen es aus ihrer Sicht benötigt, um als Frau bei uns Karriere zu machen und in Führung zu gehen. Dabei kam bei aller Zufriedenheit unter anderem heraus, dass Klarheit und Transparenz über die benötigten Fähigkeiten und Kompetenzen sowie über den Weg in die Führungsposition fehlten. Wir haben beschriebene Karrierepfade und Entwicklungsstufen – aber wie läuft der Sprung in eine Führungsrolle tatsächlich ab?

Uns sind Aussagen begegnet wie: „Ich bin mir unsicher, ob ich qualifiziert genug bin" oder „Das hat (noch) nichts mit mir zu tun". Damit Frauen sich auf einer qualifizierten und (so gut es geht) objektiven Basis für oder eben auch gegen eine Führungsposition entscheiden können, haben wir aus unserem Netzwerk heraus eine erste Idee entwickelt, um für den Weg vom Consultant bis hin zur Partner:in mehr Klarheit und Transparenz aufzuzeigen.

[38] https://www.bmbf.de/bmbf/de/forschung/gleichstellung-und-vielfalt-im-wissenschaftssystem/frauen-im-wissenschaftssystem/frauen-im-wissenschaftssystem_node.html, zuletzt aufgerufen am 22.8.2023.

WAS WAR UNSERE IDEE?

Die Idee war so naheliegend wie einfach. Wir wollten ein Interview-Format namens „Sag mal ...?“ ins Leben rufen, in dem wir erfahrene Kolleg:innen, etwa Führungskräfte, zu ihren Karrierewegen befragen. Die Sessions sollten als Bühne dienen, um die Erfahrungen der Interviewees in die gesamte Firma bzw. an alle interessierten Kolleg:innen zu kommunizieren. Für unsere erste Session haben wir uns Felix ausgesucht. Er war gerade frisch zum Partner befördert worden. Felix hat bei der 4C vom Consultant-Level alle Karrierestufen bis hin zur Partnerebene durchlaufen. Genau deshalb erschien er uns passend als erster Interviewgast der Session „Sag mal, wie wird man eigentlich Partner:in bei 4C?“, um über seinen Aufstieg sowie die jeweiligen Anforderungen je Karrierelevel zu berichten.

WORÜBER HABEN WIR GESPROCHEN?

Nach einer kurzen Vorstellung von uns (Bianca und Annika) sowie unserem Gast Felix sind wir in die Session mit einem Icebreaker-Spiel gestartet, um direkt eine lockere und persönliche Atmosphäre zu schaffen und den Austausch zu fördern. Dazu haben wir das A-oder-B-Spiel aus dem Podcast „Alles gesagt?“ verwendet, in dem Felix sich bei ein paar Entweder-oder-Fragen möglichst schnell für eine Antwort entscheiden musste. Die Fragen stammten aus den verschiedensten Themengebieten, betrafen seinen Job, seinen privaten Alltag, Hobbys und Lieblingstiere sowie seine Arbeit in der Beratung. Beispielhafte Fragen waren unter anderem: „Hund oder Katze?“, „Aufstehen oder liegen bleiben?“, „Yoga oder Rückenschmerzen?“, „Bergauf oder bergab?“.

Nachdem wir die Gesprächssituation mit diesem schnellen Frage-Antwort-Spiel aufgelockert hatten, folgten anschließend unsere Interview-Fragen aus den drei Themenbereichen: die Partner:innenrolle bei uns im Unternehmen, der Weg in die Partnerschaft sowie der Blick nach vorne. Dazu haben wir ihm unter anderem die folgenden Fragen gestellt:

Die Partner:in-Rolle in einer Managementberatung:
- Was ist bisher das Beste an deiner neuen Rolle als Partner?
- Wie ist dein Leben denn jetzt so bzw. kannst du uns mal mit in deinen beruflichen Alltag nehmen?

Der Weg in die Partnerschaft:
- Ab wann hast du angefangen, konkret über die Idee, Partner zu werden, nachzudenken?
- Wann genau, also auf welchem Level, wurde das realistisch?
- Was waren für dich erfolgskritische Situationen oder auch Entscheidungen?
- Welche 3 Dinge braucht es auf jeden Fall auf dem Weg in eine Führungsposition?

Blick nach vorne:
- Was würdest du uns empfehlen, auf jeden Fall zu tun auf dem Weg in eine Führungsposition?
- Was sind deine Ziele und die nächsten Dinge, die du gern meistern würdest?

WIE WAR DIE ERSTE SESSION?

Blicken wir zurück auf die erste „Sag mal ...“-Session, dann nehmen wir durchweg positives Feedback wahr. Die Session wurde als sehr hilfreich aufgefasst, besonders die lockere und sichere Atmosphäre kam gut an. Eines lässt sich außerdem klar hervorheben: Das Thema Führung findet auf allen Ebenen, bei allen Geschlechtern und in allen Bereichen Anklang, stößt überall auf Interesse. Von Praktikant:innen, Werkstudent:innen und Consultants über Manager:innen bis hin zu Partnern sowie Kolleg:innen aus den Core Functions waren verschiedenste Kolleg:innen Teil der Session. Und: Da die Session nicht nur für Frauen, sondern für alle Mitarbeitenden geöffnet war, haben auch mehrere männliche Kollegen teilgenommen.

Am Ende hatten wir noch etwas Zeit für Fragen aus dem Publikum. Auch dieser Teil der Session wurde super aufgenommen. Tatsächlich hätten wir uns sogar noch viel länger zum Thema Führung austauschen können. Das zeigt, wie wichtig der Raum und die Bühne für den Austausch sind, um Transparenz und Klarheit zu schaffen. Denn Fragen scheint es mehr als genug zu geben.

WAS NEHMEN WIR BEIDE FÜR UNS DARAUS MIT?

Neben den Informationen zu unserer „Sag mal ...“-Session und Women@4C als Netzwerk in Aktion wollen wir auch unsere inhaltlichen Erkenntnisse aus der Session „Sag mal, wie wird man eigentlich Partner:in bei 4C?“mit dir teilen. Diese haben sicherlich nicht nur Gültigkeit für die Beratung, sondern sind auch auf andere Karrierewege übertragbar.

1. **Suche dir ein Leidenschaftsthema und verfolge es.** Ein Thema, für das du in deiner Firma stehst oder für das du dich auf Social Media stark machst. Dein Leidenschaftsthema kann dir dabei helfen, dich als Ansprechpartner:in bzw. Expert:in zu positionieren und dir weitere Türen zu öffnen.
2. **Sei mutig und ergreife Chancen, die sich dir auftun, auch wenn sie vielleicht außerhalb deiner Komfortzone liegen.** Bevor du pauschal „Nein“ zu etwas sagst, frage dich, wieso. Fühlst du dich der Aufgabe, Chance oder Option wirklich nicht gewachsen? Oder hast du zwar Interesse, zögerst aber, weil sie außerhalb deiner Komfortzone liegt? Wenn dem so ist, dann sei mutig und ergreife deine Chance!
3. **Baue dir dein eigenes Netzwerk auf und nutze die Kontakte, die du hast. Suche dir aktiv Unterstützung und nimm sie an, wenn sie dir geboten wird.** Der Austausch mit Menschen in ähnlichen oder auch ganz anderen Situationen hilft, deine ei-

> „In the end, we only regret the chances we didn‘t take, relationships we were afraid to have and the decisions we waited too long to make.“
>
> **Lewis Carroll**

genen Gedanken zu reflektieren, zu evaluieren und zu erweitern. Wichtig dabei ist auch, dass du deine Ziele proaktiv kommunizierst, sodass Menschen aus deinem Netzwerk dazu passend ihre Hilfe anbieten können.

4. **Vertraue auf deinen eigenen Weg und deine eigene Entwicklung.** Alle Menschen sind individuell und genauso sind auch auch ihre Wege und ihre Entwicklung. Was für den einen funktioniert, klappt bei jemand anderem überhaupt nicht. All das ist vollkommen normal und wäre sonst ja auch langweilig. Stehe zu deinen Entscheidungen und höre auf dein Bauchgefühl. Und vielleicht lohnt sich auch mal ein Blick zurück, um zu sehen, was du alles schon erreicht und geschafft hast – und dann stell dir vor, was du noch alles schaffen kannst!
5. **Habe Spaß an deiner Entwicklung.** Im Endeffekt sollst du nur Dinge tun, die sich für dich persönlich richtig und gut anfühlen. Schließlich ist es dein eigenes Leben, das du so gestalten kannst, wie du es gerne möchtest. Der Weg in Führungspositionen verläuft bestimmt nicht immer leicht und linear. Deshalb kommt es darauf an, was du daraus machst. Geh den Weg in deinem eigenen Tempo und nimm dir die Zeit, die du brauchst.

UND WIE GEHT ES NUN WEITER?

Da die erste „Sag mal ...“-Session so gut ankam, steht fest: Das Format soll weitergehen! Unter anderem mit einer Vertiefung zum Thema „Frauen in Führung“, da es dazu noch nicht so viele Erfahrungsberichte, Sicht- und Denkweisen sowie Tipps von den unterschiedlichsten Persönlichkeiten gibt. Wir freuen uns schon!

Nicht zuletzt ist dies ein Beispiel dafür, dass unser Netzwerk das Unternehmen aktiv mitgestaltet und gleichzeitig uns persönlich eine weitere Möglichkeit zum Wachsen und Ausprobieren ermöglicht.

„Unsere globale und von Wandel geprägte Welt verlangt von aufstrebenden Talenten mehr als je zuvor. Auslandserfahrung ist keine Option mehr, sondern eine essenzielle Vorbereitung für anspruchsvolle Führungspositionen. Man kann daher nicht früh genug damit beginnen, die Weitsicht und interkulturelle Kompetenz zu entwickeln, die diese globale Ära erfordert."

DR. REBECCA KOCH

Chief People Officer Europe,
DB Schenker AG

„Gut vernetzt zu sein, bedeutet Geben und Nehmen, schafft Perspektiven und macht Spaß. In jedem Falle unterstützt das Netzwerken die persönliche Entwicklung."

MARION RÖVEKAMP

Aufsichtsrätin und ehemalige Vorständin Personal und Recht & Arbeitsdirektorin EWE AG/CHRO

ANNIKA IN DER BEEK

Director People & Organization,
ABOUT YOU

LinkedIn

> Suche dir einen Bereich, der dir wirklich Spaß macht und in dem du deine Stärken spielen kannst – zähe Themen wird es immer geben, sie gehen dir dann nur leichter von der Hand.

Wie finde ich mein Herzensthema?

DIE EIGENE KARRIERE GESTALTEN ENTLANG VON THEMEN, FÜR DIE DU BRENNST

Ich bin Annika, 33 Jahre alt und verantworte in meiner aktuellen Position als Director People & Organization bei ABOUT YOU unter anderem alle Themen rund um Human Resources (HR) und Recruiting. Ziel dieses Kapitels ist es, Impulse zu geben, wie man für sich das berufliche Herzensthema finden kann, in dem man langfristig Karriere machen möchte. Hierzu möchte ich mit meinem persönlichen Werdegang inspirieren – ein Werdegang, der vielleicht auf den ersten Blick geradlinig und zielstrebig wirkt, jedoch an vielen Stellen Umwege genommen hat. Vielleicht holen dich die Beispiele in deiner aktuellen Situation ab und ermuntern dich, weniger auf externe Ratschläge zu hören und dich stattdessen auf deine Stärken zu fokussieren und das Thema zu verfolgen, für das du richtig brennst. Vielleicht bietet dir dieses Kapitel Rat für deinen nächsten Karriereschritt. Eventuell passt das Kapitel aber auch nicht zu deiner aktuellen Situation, dann hoffe ich, dass du dich in späteren passenden Situationen daran zurückerinnerst. Bitte beachte, dass die Ausführungen meine persönlichen, individuellen und subjektiven Eindrücke und Wahrnehmungen widerspiegeln. Ich verweise weder auf wissenschaftliche Studien, noch forsche ich aktiv zu den genannten Themen. Vielmehr möchte ich mit dir die Lessons Learned aus meinem Werdegang teilen.

DIE SUCHE NACH DEM RICHTIGEN STUDIUM

Mein Blick auf die Themen „Karriere" und „Den eigenen Werdegang finden" begann früh, und zwar in meinem Elternhaus. Obwohl meine Eltern beide nicht über einen akademischen Hintergrund verfügen, haben sie mich immer dazu ermutigt, einen beruflichen Weg einzuschlagen, der mich glücklich macht – und dafür sorgt, meinen eigenen Lebensunterhalt finanzieren zu können. Gesagt, getan – ein Studium sollte es werden, glücklicherweise mit familiärer Unterstützung. Welches Studium ich wählen sollte, war hingegen eine ganze Weile eher fraglich. Wie viele Abiturient:innen ohne familiären akademischen Hintergrund war ich überfordert von der Vielzahl der möglichen Studiengänge und hatte auch wenig Orientierung, mit welchem Studiengang ich anschließend welche Berufe ausführen konnte (abseits der für mich „offensichtlichen" Berufswege, wie dass ein Medizinstudium zum Beruf der Ärztin oder ein Jurastudium zum Beruf der Anwältin führen würde).

Ein wichtiger Treiber für die Wahl des Studiums war der Grad der Wahrscheinlichkeit, nach dem Studium schnell einen Job zu finden, der mir den Lebensunterhalt finanziert – ich wollte also nicht rein nach meinen persönlichen Interessen auswählen.

Nach langer Überlegung entschied ich mich für ein Psychologiestudium, später dann mit dem Fokus auf Wirtschaftspsychologie. Um Geld neben dem Studium zu verdienen, machte ich diverse Praktika und Werkstudententätigkeiten in HR-Abteilungen von

Konzernen und bei Unternehmensberatungen. Durch die Vernetzung mit anderen Praktikant:innen, die eher aus der klassischen BWL-Richtung kamen, wurde die Business-Komponente für mich immer interessanter. So fand ich mich schnell in einem recht klassischen Werdegang wieder: BWL-Abschluss und danach ein Einstieg in der Strategieberatung oder im Investment Banking – und das, obwohl ich mit einem ursprünglichen Psychologiestudium eher „Exotin“ war. Durch Vergleiche mit meinen Mitbewerber:innen entstand der Wunsch, zusätzlich zu Wirtschaftspsychologie noch einen zweiten Masterabschluss anzuschließen, diesmal in International Management an einer Business School. Meine Entschlossenheit, mich über sehr gute Noten durchzusetzen und mich so für einen Einstieg in der Strategieberatung zu qualifizieren, war stark. Am Ende meines Studiums hatte ich es geschafft und ein Angebot von einer Strategieberatung erhalten.

ZIELE, ZWEIFEL UND DER EWIGE ZOFF MIT DER INNEREN KRITIKERIN

Zurückblickend auf die damalige Zeit muss ich häufig schmunzeln. Wer waren damals eigentlich meine Ratgeber:innen? Wie kam ich eigentlich auf das Thema Strategieberatung, obwohl mir die Arbeit im HR als Studentin immer großen Spaß bereitet hatte? Früh war für mich ersichtlich, dass ich in der Strategieberatung gute Leistungen erbringen, aber nie wirklich aufblühen und so erfüllt sein würde wie bei Fragestellungen, für die ich inhaltlich brannte – und die stammten nun mal aus dem HR-Bereich. Die Erkenntnis, dass ich dort besser aufgehoben wäre als in einem Job mit meinem damaligen Fokus in M&A und Private Equity, hat etwa zwei Jahre und viele arbeitsintensive Due Diligences gedauert. Ich hatte die Entscheidung für mich gefasst und auch ein großartiges neues Jobangebot in einer Unternehmensberatung mit Fokus auf HR und Technologie.

Ich wusste sofort, dass die Themen inhaltlich für mich die richtigen waren. Mein damaliges Umfeld konnte jedoch mit dem Thema HR eher wenig anfangen. Viele Gespräche, die ich mit Kolleg:innen vor Antritt meiner neuen Stelle führte, beendete ich mit einem schlechten Gefühl: Der Ruf des HR-Bereichs in Unternehmen war eher negativ (wie bei mir selbst nach dem Studium auch, was sich später als große Fehleinschätzung für mich herauskristallisieren sollte). Nicht zahlengetrieben, zu verwaltend, viel zu soft. Mein „liebster" ungefragter Ratschlag lautete wie folgt: „Wieso machst du das denn, von Private Equity zu HR – das ist ja, wie freiwillig von der Champions League in die Kreisklasse absteigen." Autsch, diese Aussage hatte gesessen und zeigte mir deutlich, dass sich im Wort „Ratschlag" auch das Wort „Schlag" befindet.

Trotzdem startete ich meinen neuen Job. Mir machte die Arbeit inhaltlich Spaß, Themen gingen mir deutlich leichter von der Hand als früher, die Kombination aus meiner starken analytischen Ausbildung aus dem M&A und meiner Passion für HR-Themen brachte neue Perspektiven vor allem in projektbezogene Fragestellungen. Meine innere Kritikerin und meine starke Orientierung an externen Meinungen erinnerten jedoch sehr regelmäßig an das negative Image von HR und schafften es, dass ich meine Entscheidung immer wieder hinterfragte und überlegte, ob ich einen Schritt in die falsche Richtung gegangen war.

5 SÄULEN FÜR MEHR GLÜCK IM BERUFSLEBEN

Zum Glück bin ich nicht umgekehrt, sondern im HR-Bereich geblieben. Das war unter anderem neuen Vorbildern zu verdanken, die ich entdecken durfte, sowie Menschen, die mich gefördert haben und mit denen ich offen über meine Gedanken sprechen konnte. Auch diese Personen haben mich in meiner Entscheidung bestärkt, mit 30 Jahren den Schritt auf die Unternehmensseite zu machen und die HR-Leitung von ABOUT YOU zu übernehmen.

Beim Schreiben dieses Kapitels habe ich mich gefragt, warum ich eigentlich glaube, anderen Menschen „Ratschläge" hinsichtlich ihrer Karriere geben zu können – habe ich doch selber noch genug Baustellen zu bearbeiten und noch sicherlich ganz viel vor mir. Entlang meines bisherigen Werdegangs durfte ich jedoch Stück für Stück von vielen fantastischen Personen lernen, und ich merke, dass es mir inzwischen deutlich leichter fällt, mich zu reflektieren und Orientierung für meine nächsten Schritte zu finden. Mir haben die folgenden fünf Säulen über die letzten Jahre immer wieder dabei geholfen, mich in meinem beruflichen Umfeld glücklicher zu machen – sie sind deswegen in diesem Buch genau richtig aufgehoben.

1. JEDE (BERUFLICHE) STATION LEHRT UNS ETWAS

Rückblickend kann ich sagen, dass jede berufliche Station mich in irgendeiner Form bereichert hat. Karrierepfade verlaufen nicht linear, und klassische „Silo"-Karrieren, bei denen Personen in ihrer Karriere ausschließlich innerhalb einer Funktion tätig sind, werden seltener –zumindest in meinem direkten Umfeld und in Werdegängen, die ich ihm Rahmen meiner Tätigkeit bei ABOUT YOU oder bei Queermentor sehen und begleiten darf.

Wie hängt diese Beobachtung bzw. Entwicklung mit dem Finden einer erfüllenden Karriere zusammen? Um für sich zu wissen, was das Richtige ist, sollte man Vergleichspunkte haben und verschiedene Themen bereits ausprobiert haben. Ich kenne heutzutage wenige Menschen, die direkt im ersten Praktikum oder im ersten Job ihre Berufung fürs Leben gefunden haben. Auch wenn eine berufliche Station vielleicht auf den ersten Blick nicht wie eine nächste Stufe hin zum Zielzustand wirkt, so lehrt sie uns etwas. Im schlimmsten Falle lehrt uns eine solche Station, was man nicht möchte und auch, dass anderes nicht immer zwingend besser ist. Ein konkretes Beispiel: Ich habe mich zunächst für die Strategieberatung entschieden in dem Glauben, dass das Gras dort deutlich grüner sei, ich strategisch „wichtigere" Projekte begleiten könne als im HR und auch deutlich analytischer arbeiten würde. In Teilen erfüllten sich meine Thesen. Dies wurde dann aber auch schnell von Themen überschattet, die ich in meiner Arbeit in HR nicht vorgefunden hätte. Trotzdem haben mir die Erfahrungen immer geholfen, und ich kann bis heute meine Learnings daraus ziehen.

Das gilt übrigens auch für die Zusammenarbeit mit unterschiedlichen Menschen – wenn wir Glück haben, finden wir im Rahmen von Projekten und beruflichen Stationen Personen, die uns inspirieren und deren besondere Fähigkeiten wir gerne selbst erlernen möchten (mehr dazu in 4.). Umgekehrt arbeiten wir oft (zumindest temporär) mit Menschen zusammen, die wir weniger schätzen; aber auch dann zeigt einem das zumindest, wie wir nicht arbeiten wollen.

2. DIE EIGENE MEINUNG WENIGER DURCH DRITTE PRÄGEN LASSEN

Besonders in jungen Jahren und in Zeiten von vielen Veränderungen, Umbrüchen und Unsicherheiten habe ich dazu tendiert, Bestätigungen meiner eigenen Sichtweise bei Dritten zu suchen. Fremde Perspektiven und Impulse sind wichtig, um die eigene Sichtweise zu erweitern und eigene Überzeugungen immer wieder auf den Prüfstand zu stellen. Externe Perspektiven sind also prinzipiell wertvoller Input. Ob eine fremde Meinung „gut“ oder „schlecht“ ist, hängt jedoch von der Art ab, wie wir diesen Input verwenden und für uns nutzen. Externe Perspektiven kann man in wertvoller Weise für sich nutzen, wenn man diese als Impuls betrachtet, die zum Denken bzw. Perspektivwechsel anregen, den man als weitere Komponente in die persönliche Entscheidungsfindung mit einbezieht.

Weniger wertvoll ist fremder Input jedoch, wenn man diese Meinung als feste bzw. als einzige Wahrheit für die persönliche Entscheidungsfindung betrachtet und aufhört, auf die eigene Stimme und Intuition zu hören.

In meinem Fall kann ich sagen, dass ich lange externe Meinungen über meine eigene gestellt und wenig auf meine eigene Intuition gehört habe. Als stark analytischer Mensch habe ich mich mit Intuition schwergetan. Die meisten größeren Entscheidungen im Leben habe ich aus dem Kopf heraus getroffen. Herzensthemen findet man jedoch nicht durch rein analytisches Denken und logikgetriebene Entscheidungen, sondern durch Intuition und Emotion bei Themen, die einem wirklichen Spaß bereiten.

3. BALANCE FINDEN – NICHT ZU VERWECHSELN MIT 9 TO 5

Ein Dauerbrenner sind für mich die Themen Work-Life-Balance und das Finden persönlicher Balance. Im öffentlichen Diskurs sind die Themen in aller Munde und haben sich in den letzten Jahren deutlich weiterentwickelt. Von der Normalisierung von Sabbaticals und der Verpflichtung zur Arbeitszeiterfassung in Deutschland hin zu mehr Vulnerabilität und der öffentlichen Diskussion von Burnout bei Top-Führungskräften, der vermehrten Thematisierung von (Mental) Health im Arbeitskontext und dem „Blaming" der vermeintlich arbeitsfaulen Gen Z – das Finden von Balance war noch nie so präsent wie aktuell.

Auch für das Finden der eigenen Karriere ist eine gewisse Balance wichtig. Befinden wir uns in zu großem Stress und müssen permanent funktionieren, laufen wir nur noch auf Autopilot – und fragen uns nach einer gewissen Zeit in diesem Modus, ob das, was wir tun, eigentlich das Richtige ist. Das Thema Balance und insbesondere „Work-Life-Balance" steht meiner Meinung nach losgelöst von objektiv messbaren Einheiten, wie zum Beispiel Arbeitsstunden oder die Anzahl von genommenen Urlaubstagen in einem Kalenderjahr. Für meine Definition von Balance ist es zunächst einmal wichtig, an einem Thema zu arbeiten, das einen grundsätzlich interessiert und das Spaß macht. Das ist in stressigen Wochen weniger schlimm, als an einem Thema zu arbeiten, das einem neben anspruchsvollen Deadlines und vielen To-dos noch nicht einmal gefällt. Das bedeutet jedoch nicht, dass die eigene Karriere immer ausschließlich Spaß machen muss. Jedes Thema, egal, wie gut es sich zu Beginn anfühlt und wie viel Spaß es macht, wird irgendwann zäh, geht weniger leicht von der Hand und fängt an, uns zu nerven – meiner Meinung nach ein komplett normaler Prozess. Wichtig ist aber, dass die Eckpfeiler stimmen, die grundsätzliche persönliche Haltung gegenüber dem Thema eine positive ist und wir das Gefühl haben, uns sinnvoll in Richtung eines Zielzustandes zu bewegen.

Wie genau meine ich das? Auch in meiner Rolle als HR-Leitung habe ich Wochen, die von der Taktung und meinen Arbeitszeiten mit Wochen im M&A vergleichbar sind. Auch habe ich Themen, die ich als zäh empfinde und die ich nicht zu meinen Lieblingstätigkeiten zähle. Trotzdem stimmt für mich die inhaltliche Ausrichtung im HR deutlich besser mit meinen Interessen überein, als das im M&A der Fall war. Das hat zur Folge, dass meine Akkus schneller wieder aufladen und ich somit auch anstrengende Wochen besser wegstecke – anstatt mich zu fragen: „Wozu mache ich das gerade eigentlich?"

Generell möchte ich zum Thema Balance auch in Bezug auf Herzensthemen noch zwei Dinge mit auf den Weg geben:

1. Erfolg mit Themen wird man eher nicht mit bloßem 9-to-5-Arbeiten haben – es wird immer Phasen geben, die intensiv sind, das gehört dazu und ist wichtig, um Ziele zu erreichen. Wichtig ist jedoch auch hier, dass es Phasen sind, mal kürzer, mal länger, man seine eigenen Warnsignale kennt, wenn es zu viel wird – und man sich dann Pausen nimmt und gezielte Auszeiten schafft.
2. Pausen sind also wichtig. Überarbeitet und gestresst erreicht man kaum innovative Ergebnisse, man ist keine Stütze für sein Umfeld bzw. sein Team. Wie diese Pausen oder auch Auszeiten aussehen, ist individuell festzulegen, einigen Menschen reicht eine Woche, in der die Mails täglich am Handy gecheckt werden, andere Menschen wünschen sich vier Wochen am anderen Ende der Welt, in denen sie komplett offline sind.

4. VORBILDER HABEN UND EIGENE STÄRKEN NUTZEN

Ein weiteres für mich essenzielles Thema ist die Ausrichtung an einem Vorbild bzw. eher an mehreren Vorbildern. Ich finde es immer wieder spannend zu beobachten, dass insbesondere jüngere Menschen dazu tendieren, sich ein wahres Vorbild zu suchen – man möchte genauso sein wie dieses Vorbild, richtet sein persönliches Verhalten nach ihm aus und fällt nicht selten in den Modus, diese eine Person zu idealisieren und zu kopieren, immerhin scheinen deren Verhalten und Auftreten ja zu Erfolg in dem jeweiligen Bereich zu führen.

Sich an einem spezifischen Vorbild auszurichten kann sicherlich Halt und Orientierung schaffen, kann jedoch auch den Blick auf sich selbst verschleiern und davon abhalten, auf die eigene Intuition zu hören und eigene Herzensthemen anzugehen. Eine wichtige Aufgabe entlang des eigenen Werdegangs ist es, für sich zu definieren, welche Stärken und Entwicklungsfelder man als Person besitzt und wie man diese im aktuellen Umfeld einsetzen kann bzw. weiterentwickeln sollte. Ziel sollte zum einen sein, die eigenen Stärken kontinuierlich zu fördern und zu entwickeln, um hier exzellente Arbeit leisten zu können. Zum anderen sollten Entwicklungsfelder gefördert und auf ein Level gebracht werden, welches es ermöglicht, Anforderungen sicher und gut zu bewältigen.

Wie hängt nun die Entwicklung von Stärken mit dem Finden des persönlichen Herzensthemas und Vorbildern zusammen? Herzensthemen sollten immer stärkenbasiert gewählt werden, da wir beim Einsatz unsere Stärken die Möglichkeit haben, exzellente Leistungen zu erzielen. Sobald man diese Stärken für sich identifiziert hat, sind Vorbilder hilfreich – ohne „das eine" Vorbild zu glorifizieren. Viel wichtiger ist es, nach inspirierenden Menschen Ausschau halten, uns an einzelnen Verhaltensweisen bzw. Fähigkeiten dieser Personen zu orientieren. Auch an absoluten Stärken werden unsere Vorbilder mit großer Wahrscheinlichkeit aktiv gearbeitet haben. Sich die Frage zu stellen, wie man ein Verhalten bzw. eine Fähigkeit erlernen kann, lohnt sich also.

5. EIN VERLÄSSLICHES NETZWERK SCHAFFEN

Last but not least – das Thema Netzwerk. Netzwerke sind meiner Meinung nach immer von großer Bedeutung, ob im Berufs- oder im Privatleben. Ein gutes und starkes Netzwerk hilft uns dabei, mit unseren Ideen voranzukommen, gibt uns Impulse und sollte vor allem verlässlich sein. Wenn man sein persönliches Herzensthema bereits gefunden hat, dann hilft ein starkes Netzwerk dabei, sich in diesem Thema weiterzuentwickeln. Hat man dieses Thema noch nicht gefunden, so ist das Netzwerk dabei behilflich, eigene Ideen und Richtungen weiter zu verproben, und Impulse setzen, für welche Richtung man sich entscheidet.

Ein Netzwerk ist nach meiner persönlichen Definition dann stark, wenn es
- themenbezogen aufgebaut ist,
- sich organisch entwickelt und
- Verlässlichkeit bietet.

Insbesondere im Hinblick auf meine Tätigkeit als HR-Leitung bin ich sehr dankbar für mein Netzwerk, das sich in den letzten Jahren immer weiter entwickelt hat und aus tollen Menschen in ähnlichen Positionen besteht, mit denen ich mich immer sehr offen austauschen kann. Die Offenheit der Austausche gibt mir praktische Hilfe bei alltäglichen Fragestellungen – und sei es nur die Erkenntnis, dass die andere Seite bisher auch keine perfekte Lösung für ein Problem gefunden hat und man sich gemeinsam Gedanken macht.

WIE KANN MAN SICH EIN SOLCHES NETZWERK SCHAFFEN?

1. **Themenbezug:** Mir persönlich fällt es deutlich leichter, mich themenbezogen, also über einen fachlichen Bezug mit Personen zu vernetzen, da ich häufig damit hadere, schnellen Zugang zu neuen Menschen zu finden. Themenbezogen kann breit definiert sein, es kann sich zum Beispiel auf das gleiche Geschlecht, die gleiche sexuelle Orientierung oder eine Berufstätigkeit in der gleichen Stadt beziehen. Für mich persönlich bedeuten fachbezogene Netzwerke aktuell, dass sie einen Fachbezug zum Thema HR haben. Hier suche ich dann Gespräche mit Personen, die in einer ähnlichen Position tätig sind wie ich und mit denen ich einen entspannten Austausch, z.B. in einem Monthly Virtual Lunch, führen kann.
2. **Organische Entwicklung:** Ich glaube daran, dass sich Netzwerke organisch entwickeln, wenn sie allen Beteiligten einen Mehrwert liefern und man Austausche nicht erzwingt. Gezwungenes Netzwerken ist eher kraftraubend, als dass es einem Energie und Einsicht bringt.
3. **Verlässlichkeit:** Was bringt ein Netzwerk, wenn es aus sehr vielen Personen besteht, ich mich allerdings nicht auf es verlassen kann? Aus meiner Perspektive ist es wertvoller, ein kleines, aber verlässliches Netzwerk zu haben, mit dem ich bei Themen auch in die Tiefe gehen kann, anstelle eines vermeintlich großen Netzwerks, in dem ich jedoch durch wenig Interaktion und wenig Vertrauen eher an der Oberfläche bleibe.

Beenden möchte ich das Kapitel gerne mit einem Handwerkszeug, das mir stark bei der Reflektion von wichtigen Entscheidungen geholfen hat – sowohl für die Entscheidung für neue berufliche Themen als auch in der Reflektion früherer beruflicher Stationen. Wann immer ich eine wichtige Entscheidung treffen muss, versuche ich, mindestens eine Nacht darüber zu schlafen, um Abstand und Klarheit zu schaffen und den grundlegenden Treiber für meine Entscheidung zu identifizieren. Die Methode, von der ich hier spreche, nennt sich „Root Cause Analysis" und ist ursprünglich eine Analysemethode aus der IT, zum Beispiel, um Gründe von Systemausfällen zu analysieren und tiefergehende Ursachen von Problemen aufzudecken. Für meine persönlichen Fragestellungen habe ich mir angewöhnt, bei einer Entscheidung mindestens fünf Mal die Frage „Warum?" zu stellen, immer wieder aufeinander aufbauend. Ein Beispiel: Die Entscheidung bzw. Motivation „Ich möchte einen neuen Job bei XYZ zusagen" wird mit einer Abfolge von „Warum?"-Fragen weiter analysiert. Um das Beispiel fortzuführen:

- „Warum möchtest du den Job zusagen?" – „Weil der Job mir eine Verbesserung meiner aktuellen beruflichen Situation bringen wird."
- „Warum wird dir der Job eine Verbesserung der beruflichen Situation bringen?" – „Weil mein Gehalt deutlich höher sein wird."
- „Warum wird dein Gehalt deutlich höher sein?" – „Weil ich deutlich mehr Verantwortung tragen werde."
- [...]

Die Frage nach dem „Warum" kann man unendlich fortführen, und man ist auch nicht an fünf „Warums" gebunden. Trotzdem empfehle ich, sich mindestens fünf Mal „Warum" zu fragen – meistens findet man somit heraus, ob man die Entscheidung für sich selbst und aus eigener Motivation trifft oder ob sie stärker durch externe Ansprüche getrieben ist, wie zum Beispiel Status oder Prestige.

Ich wünsche dir viel Spaß und Erfolg dabei, dein persönliches Herzensthema zu verfolgen!

„Starke Frauen geben niemals auf. Wir brauchen vielleicht einen Kaffee, eine Träne oder einen Tag im Bett, aber wir kommen immer stärker zurück."

instagram.com/femme_infopreneurs

Über die 4C FOOTSTEPS STIFTUNG

FRÜHKINDLICHE BILDUNG ERÖFFNET CHANCEN

Die Förderung in den ersten Lebensjahren eines Kindes ist grundlegend für seine weitere Entwicklung. Dabei ist es entscheidend, individuelle Bedarfe und Fähigkeiten frühzeitig zu erkennen und zu fördern. Für eine erfolgreiche frühe Förderung sind neben der Qualität an Bildungsangeboten vor allem der Zugang zu vielfältigen Lerngelegenheiten besonders wichtig.

Die 4C FOOTSTEPS STIFTUNG hat das Ziel, erfolgversprechende Projekte in der frühkindlichen Bildung in sozial benachteiligten Bereichen zu identifizieren und diese nachhaltig finanziell und mit dem persönlichen Engagement der Mitarbeitenden der 4C zu unterstützen. Langfristig möchte die Stiftung damit sozial benachteiligten Kindern die Möglichkeit zur Nutzung qualitativ hochwertiger Bildungsangebote bieten.

GRUNDSÄTZE DES HANDELNS DER STIFTUNG

1. **Förderung von nachhaltigen und langfristigen Projekten**
   Ausgesuchte Projekte sollen nachhaltig wirken, d. h., konkrete Bildungs- und Erziehungserfolge müssen erkennbar sein (sowohl bei der Wirkung auf die Kinder als auch in Bezug auf das Projekt).

2. **Förderung von multiplizierbaren Projekten**
Projekte/Initiativen sollten nach Möglichkeit multiplizierbar bzw. einfach auf weitere Institutionen, Bereiche, Regionen etc. übertragbar sein. Damit soll die Wiederverwendbarkeit der Ideen/Projekte sichergestellt werden.

3. **Persönliches Engagement in der 4C FOOTSTEPS STIFTUNG**
Die 4C FOOTSTEPS STIFTUNG engagiert sich nicht nur finanziell, sondern auch mit dem persönlichen Engagement der 4C GROUP Mitarbeitenden.

DU MÖCHTEST MEHR ÜBER DIE STIFTUNG ERFAHREN?

Unsere Ansprechpartnerin für die Stiftung, Nadine Dodl, freut sich, von dir zu hören:
nadine.dodl@4cgroup.com

DU MÖCHTEST AUCH FOOTPRINTS HINTERLASSEN?

Spendenkonto*

IBAN: DE69 7332 0073 0018 8337 00
BIC: HYVEDEMM428
UniCredit Bank AG

Direkter Spenden-Link per QR-Code:

E-Mail-Kontakt:
info@4cfootsteps.org

*4C FOOTSTEPS STIFTUNG ist eine staatlich anerkannte gemeinnützige Stiftung. Bitte gib bei deiner Überweisung auf unser Spendenkonto deine Adresse im Verwendungszweck an, wenn du eine Zuwendungsbestätigung wünschst (ab einem Spendenbetrag von 300 €). Diese erhältst du zu Beginn des Folgejahres deiner Spende.